"十二五"职业教育国家规划教材

经全国职业教育教材审定委员会审定

普通高等教育"十一五"国家级规划教材

21世纪高职高专电子信息类系列教材

电 工 技 能 训 练

第 3 版

主　编　杨利军

　　　　熊　昇

参　编　华满香

　　　　王玺珍

主　审　赵承荻

机 械 工 业 出 版 社

本书基于工学结合的教学改革需要，选取了 11 个来源于实际岗位的典型项目。每个项目包括"项目描述"、"项目演练"、"相关知识介绍"、"综合实训"、"考核评价"和"拓展训练"等内容，突出对学生工艺要领与操作技能的培养，并介绍实际操作规范和企业现场要求。本书实现"做、学、练、评"相结合，使学习过程与工作过程相结合，融教、学、做于一体。全书训练任务明确，步骤清晰，并配有精美插图。

本书的具体 11 个项目包括电气火灾的应急处理、触电人员的急救、照明电路安装、单相变压器的检测、三相异步电动机的检修与维护、吊扇的安装与维护、低压电器的拆装与维护、三相异步电动机直接起动控制电路的安装与维护、三相异步电动机星形–三角形减压起动控制电路的安装与维护、CA6140 型车床电气控制电路的安装与检修以及三相异步电动机正反转的 PLC 控制。

本书可作为高职高专院校自动化类、电子信息类专业学生电工实训教材，也可作为相关岗位培训用书。

为方便教学，本书备有免费电子课件、习题与思考题参考答案，凡选用本书作为授课教材的老师均可来电索取，咨询电话：010-88379375。

图书在版编目（CIP）数据

电工技能训练/杨利军，熊异主编. —3 版. —北京：机械工业出版社，2015.2（2022.8 重印）

"十二五"职业教育国家规划教材　普通高等教育"十一五"国家级规划教材　21 世纪高职高专电子信息类系列教材

ISBN 978-7-111-49121-7

Ⅰ.①电…　Ⅱ.①杨…②熊…　Ⅲ.①电工技术 – 高等职业教育 – 教材

Ⅳ.①TM

中国版本图书馆 CIP 数据核字（2015）第 002770 号

机械工业出版社（北京市百万庄大街 22 号　邮政编码 100037）
策划编辑：于　宁　责任编辑：于　宁　冯睿娟
责任校对：陈　越　封面设计：马精明
责任印制：李　昂
北京捷迅佳彩印刷有限公司印刷
2022 年 8 月第 3 版第 8 次印刷
184mm×260mm·12.5 印张·300 千字
标准书号：ISBN 978 – 7 – 111 – 49121 – 7
定价：39.00 元

电话服务　　　　　　　　　网络服务
客服电话：010 – 88361066　　机 工 官 网：www.cmpbook.com
　　　　　010 – 88379833　　机 工 官 博：weibo.com/cmp1952
　　　　　010 – 68326294　　金 书 网：www.golden – book.com
封底无防伪标均为盗版　　机工教育服务网：www.cmpedu.com

前　言

Preface

　　本书根据高等职业教育的人才培养目标，以就业为导向，积极探索工学结合的教学改革。编者通过调研相关企业电工类岗位的工作任务和岗位要求，结合目前高职高专院校广泛使用的电工技能训练模式和实训条件，对电工技能训练内容进行了重新设计，选取了11个来源于实际岗位的典型项目，每个项目包括"项目描述"、"项目演练"、"相关知识介绍"、"综合实训"、"考核评价"和"拓展训练"等内容。本书以项目驱动，实现"做、讲、练、评"相结合，使学习过程和工作过程相结合，融教、学、做于一体，并将职业技能标准、技术规范、企业现场要求等融入教学内容中，将知识、技能、素养的培养融为一体，满足现代企业对高素质技能型专门人才的需要。

　　本书的具体11个项目包括电气火灾的应急处理、触电人员的急救、照明电路安装、单相变压器的检测、三相异步电动机的检修与维护、吊扇的安装与维护、低压电器的拆装与维护、三相异步电动机直接起动控制电路的安装与维护、三相异步电动机星形－三角形减压起动控制电路的安装与维护、CA6140型车床电气控制电路的安装与检修以及三相异步电动机正反转的PLC控制。

　　本书由湖南铁道职业技术学院杨利军教授率领的团队编写，由杨利军和熊异任主编。杨利军负责全书的编写思路总体策划，指导全书的编写，并编写了项目1、2；熊异负责全书的统稿，并编写了项目4、5；王玺珍编写了项目3、10；华满香编写了项目6~9和项目11。

　　本书参考了机械工业出版社出版、由杨利军任主编、朱光灿任副主编的《电工技能训练》教材，在此对朱光灿老师表示感谢！本书由湖南铁道职业技术学院赵承荻老师主审，在此深表谢意！由于编者水平有限，书中难免有错漏与不妥之处，敬请读者批评指正。

编　者

目 录

Contents

▶项目 1

电气火灾的应急处理

 项目描述

电气火灾是指由电气原因引发燃烧而造成的灾害，由设备操作不当、电路和设备老化或者自然灾害引发，在火灾中占 30% 以上，对我们的工作和生活造成很大的危害。我们应当通过符合安全操作规程的规范操作来避免电气火灾。在电气火灾发生的初期，我们应当尝试使用灭火器等设备扑灭或延缓火焰，如确认灾害无法控制，应第一时间通知专业消防人员，并立即撤离灾害现场。

通过本项目的学习，我们应该学会电气火灾的基本知识、安全用电的基本常识，学会使用灭火器灭火，掌握基本的火灾逃生常识，以达到在火情发生时能沉着冷静，扑灭常规火焰或安全逃生。

1.1 项目演练 使用灭火器灭火

1.1.1 穿戴与使用绝缘防护用具

进入实训或工作现场必须穿工作服（长袖）、戴安全帽。戴安全帽时必须系紧帽带，穿长袖工作服时不得将袖卷起。进入现场必须穿合格的工作鞋，任何人不得穿高跟鞋、网眼鞋、钉子鞋、凉鞋、拖鞋等进入现场。在有机械转动环境中工作的人员不许戴手套、系领带和围巾。

任何人进现场前必须确认：

1）自己已经戴上了安全帽。

2）自己已经穿上了工作鞋。

1.1.2 仪器仪表、工具与材料的领取与检查

1. 所需仪器仪表、工具与材料

本项目需用到干粉灭火器、二氧化碳灭火器、安全帽和工作鞋。

2. 领取仪器仪表、工具与材料

领取干粉灭火器、二氧化碳灭火器后，将对应的参数填写到表 1-1 中。

表 1-1 仪器仪表、工具与材料领取表

序号	名　　称	型　　号	规格与主要参数	数　　量	备　　注
1	干粉灭火器				
2	二氧化碳灭火器				

3. 检查领到的仪器仪表与工具

1）灭火器是否有消防许可。

2）灭火器是否未过期。

3）灭火器的铅封、保险销、喷管等是否正常。

1.1.3　使用干粉灭火器灭火

在确定有安全保障并可防止污染的前提下点燃一盆明火，作为模拟的电气火灾现场。

干粉灭火器适用于扑灭电气火灾，使用时，要求在距燃烧物 5m 左右处开启灭火器，具体方法是：先撕掉小铅块，拔出保险销，在距离火焰 3m 的地方，右手用力压合压把，左手拿着喷管左右摆动，喷射出干粉并使其覆盖整个燃烧区。

干粉灭火器的使用步骤见表 1-2，请将具体完成情况填入表中。

表 1-2　干粉灭火器的使用步骤

序号	步　骤	图　示	完成情况记录
1	将灭火器提至现场		
2	拉开保险销		
3	一手握住喷管，一手压合压把		
4	对准火苗根部喷射		

1.1.4 使用二氧化碳灭火器灭火

二氧化碳灭火器适用于各种易燃、可燃液体和可燃气体火灾，还可扑救图书档案、仪器仪表和低压电器设备等的初期火灾。

灭火时将灭火器提到火场，在距燃烧物 5m 左右处放下灭火器，拔出保险销，一手握住喇叭筒根部的手柄，另一只手压合启闭阀的压把，左右移动喷射二氧化碳灭火。完成后请将完成情况填入表 1-3 中。

表 1-3 二氧化碳灭火器的使用步骤

序号	步 骤	注 意 事 项	完成情况记录
1	将灭火器提至现场		
2	拉开保险销		
3	将喷嘴朝向火苗	一只手握住喇叭筒根部的手柄，另一只手紧握启闭阀的压把	
4	压合压把	使用时，不能直接用手抓住喇叭筒外壁或金属连接管，防止手被冻伤	
5	左右移动喷射	在室外使用时，应选择上风方向喷射；在室内窄小空间使用时，灭火后操作者应迅速离开，以防窒息	

1.1.5 以 8S 标准管理工作现场

训练完成后，应及时对工作场地进行卫生清洁，将物品摆放整齐，保持现场整洁，做到标准化管理。

1. 现代企业的 8S 标准化管理

8S 就是整理（SEIRI）、整顿（SEITON）、清扫（SEISO）、清洁（SETKETSU）、素养（SHTSUKE）、安全（SAFETY）、节约（SAVING）和环保（SURROUNDINGS）八个项目，因其均以"S"开头，所以简称为 8S。

8S 标准化管理指严格按照现代企业标准化现场管理的理念要求自己，并通过自身的不断学习，提升综合素质，消除安全隐患，节约成本和时间。

1）整理：工作现场，区别要与不要的东西，只保留有用的东西，撤除不需要的东西。

2）整顿：把要用的东西按规定位置摆放整齐，并做好标识，进行妥善管理。

3）清扫：将不需要的东西清除掉，保持工作现场无垃圾，无污秽状态。

4）清洁：维持以上整理、整顿、清扫后的局面，使工作人员觉得整洁、卫生。

5）素养：每位员工养成良好习惯，遵守规则。

6）安全：一切工作均以安全为前提。

7）节约：不断地减少企业的人力、成本、空间、时间、物料的浪费。

8）环保：防治污染，改善环境。

2. 按照现代企业8S标准化管理要求进行现场整理

1）整理自己的工作场地，打扫现场卫生。

2）根据任务分工要求，打扫实训场地卫生。

3）根据工作现场要求，归位场地内的设施和设备。

4）拉闸断电，保证实训场地的安全。

1.1.6　仪器仪表、工具与材料的归还

仪器仪表、工具与材料使用完毕后应归还相应管理部门或单位。

1）整理灭火器，归还灭火器。

2）归还安全帽、工作鞋及相关材料。

1.2　相关知识介绍

1.2.1　电气火灾的防护与扑救

1. 造成电气火灾的主要原因

电气火灾是指由电气原因引发燃烧而造成的灾害。短路、过载、漏电等电气事故都可能导致火灾。设备自身缺陷，施工安装不当，电气接触不良，雷击静电引起的高温，电弧和电火花等是导致电气火灾的直接原因。周围存放易燃易爆物是电气火灾的环境条件。电气火灾产生的直接原因有以下几点：

（1）设备或电路发生短路故障　电气设备由于绝缘损坏、电路年久失修、操作人员疏忽大意和操作失误及设备安装不合格等将造成短路故障，其短路电流可达正常电流的几十倍甚至上百倍，产生的热量（正比于电流的平方）使温度上升超过其自身或周围可燃物的燃点引起燃烧，从而导致火灾。

（2）过载引起电气设备过热　选用电路或设备不合理，电路的负载电流量超过了导线额定的安全载流量，电气设备长期超载（超过额定负载能力），引起电路或设备过热而导致火灾。

（3）接触不良引起过热　如接头连接不牢或不紧密、动触点压力过小等使接触电阻过大，在接触部位发生过热而引起火灾。

（4）通风散热不良　大功率设备缺少通风散热设施或通风散热设施损坏造成过热而引发火灾。

（5）电器使用不当　如电炉、电熨斗、电烙铁等未按要求使用，或用后忘记断开电源，引起过热而导致火灾。

（6）电火花和电弧　有些电气设备正常运行时就会产生电火花、电弧，如大容量开关和接触器触点的分、合操作，都会产生电弧和电火花。电火花温度可达数千度，遇可燃物便可点燃，遇可燃气体便会发生爆炸。

（7）易燃易爆环境　日常生活和生产的各个场所中，广泛存在着易燃易爆物质，如石油液化气、煤气、天然气、汽油、柴油、酒精、棉、麻、化纤织物、木材、塑料等。另外一些设备本身可能会产生易燃易爆物质，如设备的绝缘油在电弧作用下分解和汽化，喷出大量

油雾和可燃气体；酸性电池排出氢气并形成爆炸性混合物等。一旦这些易燃易爆环境遇到电气设备和电路故障导致的火源，便会立刻着火燃烧。

2. 火灾的分类

依据国家标准消防火灾分类的规定，将火灾分成 A、B、C、D 四类，分别指：

1）普通火灾（A 类）：凡由木材、纸张、棉、布、塑胶等固体物质所引起的火灾。

2）油类火灾（B 类）：凡由引火性液体及固体油脂物体所引起的火灾，如汽油、石油、煤油等。

3）气体火灾（C 类）：凡是由气体燃烧、爆炸引起的火灾都称为气体火灾，如天然气、煤气等。

4）金属火灾（D 类）：凡由钾、钠、镁、锂及禁水物质引起的火灾。

3. 电气火灾的防护措施

要进行火灾预防，首先必须清楚燃烧的三要素，并得出对应的灭火基本方法，见表1-4。

表1-4　灭火的基本方法

序号	燃烧的三要素	灭火的基本方法
1	可燃物质	隔离法：将燃烧物或燃烧物附近的可燃物质隔离或移开，阻止火势蔓延而终止其燃烧，从而使火熄灭
2	助燃物——氧或氧化剂	窒息法：阻止空气流入燃烧区域或用不燃烧的物质冲淡空气，使燃烧物得不到足够的氧气而熄灭
3	一定的温度——物质燃烧的温度	冷却法：就是降低燃烧物的温度，使温度低于燃烧点，火就会熄灭

电气火灾的防护措施主要致力于消除隐患、提高用电安全，具体措施如下。

（1）正确选用保护装置

1）对正常运行条件下可能产生电热效应的设备采用隔热、散热、强迫冷却等结构，并注重耐热、防火材料的使用。

2）按规定要求设置包括短路、过载、漏电保护设备的自动断电保护。对电气设备和电路正确设置接地、接零保护，为防雷电安装避雷器及接地装置。

3）根据使用环境和条件正确选择电气设备。恶劣的自然环境和有导电尘埃的地方应选择有抗绝缘老化功能的产品，或增加相应的措施；易燃易爆场所则必须使用防爆电气产品。

（2）正确安装电气设备

1）合理选择安装位置。对于易爆炸危险场所，应该考虑把电气设备安装在易爆炸危险场所以外或爆炸危险性较小的部位。开关、插座、熔断器、电热器具、电焊设备或电动机等应根据需要，尽量避开易燃物或易燃建筑构件；起重机滑触线下方不应堆放易燃品；露天变、配电装置，不应设置在易于沉积可燃性粉尘或纤维的地方等。

2）保持必要的防火距离。对于在正常工作时能够产生电弧或电火花的电气设备，应使用灭弧材料将其全部隔围起来，或将其与可能被引燃的物料，用耐弧材料隔开，或与可能引起火灾的物料之间保持足够的距离，以便安全灭弧。安装和使用有局部热聚焦或热集中的电气设备时，在局部热聚焦或热集中的方向与易燃物料必须保持足够的距离，以防引燃。电气设备周围的防护屏障材料，必须能承受电气设备产生的高温（包括故障情况下）。应根据具体情况选择不可燃、阻燃材料或在可燃性材料表面喷涂防火涂料。

（3）保持电气设备的正常运行

1）正确使用电气设备，是保证电气设备正常运行的前提。因此应按设备使用说明书的规定操作电气设备，严格执行操作规程。

2）保持电气设备的电压、电流、温升等不超过允许值。保持各导电部分连接可靠，接地良好。

3）保持电气设备的绝缘良好，保持电气设备的清洁，保持良好通风。

4. 电气火灾的报警

一般情况下，发生火灾后应当报警和救火同时进行；当发生火灾，现场只有一个人时，应该一边呼救，一边进行处理，必须赶快报警，边跑边喊，以便取得群众的帮助；拨通"119"报警电话后，应沉着、准确地讲清起火单位、所在地区、街道、房屋门牌号码、起火部位、燃烧物是什么、火势大小、报警人姓名以及使用电话的号码。

5. 电气火灾的扑救

当发生火灾时，如果发现火势并不大，尚未对人造成很大威胁时，且周围有足够的消防器材，如灭火器、消防栓等，则应奋力将小火控制、扑灭；千万不要惊慌失措地乱叫乱窜，置小火于不顾而酿成大灾。**请记住：争分夺秒扑灭"初期火灾"。**

室内着火，如果当时门窗紧闭，一般来说不应急于打开门窗。因为门窗紧闭，空气不流通，室内供氧不足，火势发展缓慢。一旦门窗打开，大量的新鲜空气涌入，火势就会迅速发展，不利于扑救。

（1）使用干粉灭火器扑灭电气火灾　干粉灭火器是以液态二氧化碳或氮气作动力，驱使灭火器内干粉灭火剂喷出进行灭火。作为扑灭初期火灾常用的灭火器材，常见的有 BC 和 ABC 两类。在配备这类灭火器时，要根据具体的使用情况，主要是根据使用场所可燃物的燃烧情况，区别选择不同类型的干粉灭火器。

干粉灭火器适用于扑救各种易燃、可燃液体和易燃、可燃气体火灾，以及电器设备火灾。其使用方法如下：

1）手提式干粉灭火器如图 1-1a、b 所示，使用时，应手提灭火器提把，迅速赶到火场，在距起火点约 5m 处，放下灭火器。在室外使用时，应占据上风方向。使用前应将灭火器颠倒几次，使筒内干粉松动。

2）如果是手提内装式（或贮压式）干粉灭火器，如图 1-1a 所示，应先拔下保险销，然后一只手握住喷嘴，另一只手将压把用力按下，干粉便会从喷嘴喷射出来；如果是手提外置式干粉灭火器，如图 1-1b 所示，应一只手握住喷嘴，另一只手握住提柄和压把，用力合拢则气瓶打开，干粉便会从喷嘴喷射出来。

3）推车式干粉灭火器，如图 1-1c 所示，一般由两人操作。使用时应迅速将灭火器推到或拉到火场，在距起火点 10m 处停下，一人将灭火器放好，拔出开启机构上的保险销，迅速打开二氧化碳钢瓶阀门，另一人迅速取下喷枪，展开喷射软管，一只手握住喷枪枪管，另一只手用力钩住扳机，将干粉喷射到火焰根部灭火。

4) 背负式干粉灭火器，如图1-1d所示，使用时，应先撕掉铅封，拔出保险销。然后背起灭火器，迅速赶到火场，在距起火点约5m处，占据有利位置，手持喷枪，打开扳机保险（写有"开"和"关"二字），用力钩住扳机即可喷粉灭火。当喷射完第一筒内干粉后，将换位扳机从左向右推动，再用力钩住扳机，即可喷射第二筒干粉。

5) 使用干粉灭火器扑灭流散液体火灾时，应从火焰侧面对准火焰根部，水平喷射，由近而远，左右扫射，迅速推进，直到把火焰全部扑灭。在扑救容器内可燃液体火灾时，亦应从侧面对准火焰根部左右扫射；当火焰被赶出容器时，应迅速将容器外火焰扑灭。使用磷铵干粉灭火器扑灭固体火灾时，应使喷嘴对准燃烧最猛烈处，左右扫射，并尽量使干粉灭火剂均匀喷洒在燃烧物表面，直至把火全部扑灭。

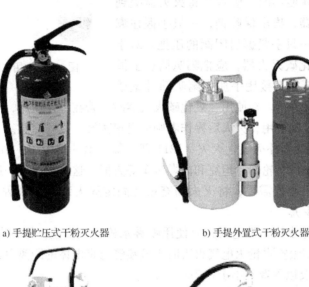

a) 手提贮压式干粉灭火器   b) 手提外置式干粉灭火器

c) 推车式干粉灭火器   d) 背负式干粉灭火器

图1-1 常用干粉灭火器

6) 在室外使用干粉灭火器灭火时，应从上风方向或风向侧面喷射，以利于人身安全和灭火效果。干粉灭火器在喷射过程中应始终保持直立状态，不能横着或颠倒，否则，不能喷粉。

7) 用干粉灭火器扑灭可燃液体火灾时，不能将喷嘴直接对准液面喷射，以防干粉气流冲击而使可燃液体飞溅，引起火势扩大，造成灭火困难。

8）干粉灭火器灭火的优点是灭火速度快，能够迅速控制火势和扑灭火灾。但干粉的冷却作用甚微，对燃烧时间较长的火场，在火场中存在炽热物的条件下，灭火后容易复燃。在这种情况下，如能与泡沫灭火器联用，灭火效果更佳。

（2）使用二氧化碳灭火器扑灭电气火灾 二氧化碳灭火器是将液态二氧化碳压缩在小钢瓶中，灭火时再将其喷出，有降温和隔绝空气的作用，如图 1-2 所示。

二氧化碳灭火器适用于扑灭图书、档案、贵重设备、精密仪器、600V 以下电气设备及油类的初期火灾。

二氧化碳灭火器在使用时，应首先将灭火器提到起火地点，放下灭火器，拔出保险销，一只手握住喇叭筒根部的手柄，另一只手紧握启闭阀的压把。对于没有喷射软管的二氧化碳灭火器，应把喇叭筒往上扳70°~90°。使用时，不能直接用手抓住喇叭筒外壁或

图 1-2 常用二氧化碳灭火器

金属连接管，防止手被冻伤。在使用二氧化碳灭火器时，若在室外使用，则应选择上风方向喷射；若在室内窄小空间使用，灭火后操作者则应迅速离开，以防窒息。

（3）使用 1211 灭火器扑灭电气火灾 1211 即二氟一氯一溴甲烷，由于其灭火效能高、毒性低，现在多用于飞机、轮船、坦克和内燃机车等方面。这种灭火剂一般是充填在灭火机内，以氮气充压，并可根据需要，将灭火剂充填在固定灭火装置内（因对臭氧层有破坏，现在其使用正逐步减少）。

（4）正确使用喷雾水枪 带电灭火时使用喷雾水枪比较安全。原因是这种水枪通过水柱的泄漏电流较小。用喷雾水枪灭电气火灾时水枪喷嘴与带电体的距离可参考以下数据：

1）电压为 10kV 及以下者不小于 0.7m。

2）电压为 35kV 及以下者不小于 1m。

3）电压为 110kV 及以下者不小于 3m。

4）电压为 220kV 及以上不应小于 5m。

带电灭火时必须有人监护。

（5）常用各类灭火器的主要性能 灭火器是由筒体、器头、喷嘴等部件组成，借助压力将所充装的灭火剂喷出而灭火的器材。灭火器的种类很多，从所充装的灭火剂来分，可分成干粉、泡沫、二氧化碳、酸碱和清水等灭火器。

在扑救尚未确定断电的电气火灾时，应选择适当的灭火器和灭火装置，否则，有可能造成触电事故和更大危害，如使用普通水枪射出的直流水柱和泡沫灭火器射出的导电泡沫会破坏绝缘。灭火器在不使用时，应注意对它的保管与检查，保证随时可正常使用。常用电气灭火器的主要性能见表 1-5。

表 1-5　常用电气灭火器的主要性能

种类	二氧化碳	四氯化碳	干　粉	1211	泡　沫
规格	<2kg 2～3kg 5～7kg	<2kg 2～3kg 5～8kg	8kg 50kg	1kg 2kg 3kg	10L 65～130L
药剂	液态二氧化碳	液态四氯化碳	钾盐、钠盐	二氟一氯、一溴甲烷	碳酸氢钠、硫酸铝
导电性	无	无	无	无	有
灭火范围	电气、仪器、油类、酸类	电气设备	电气设备、石油、油漆、天然气	油类、电气设备、化工、化纤原料	油类及可燃物体
不能扑救的物质	钾、钠、镁、铝等	钾、钠、镁、乙炔、二氧化碳	旋转电动机火灾		忌水和带电物体
效果	距着火点3m距离内	3kg喷30s，7m内	8kg喷14～18s，4.5m内 50kg喷50～55s，6～8m	1kg喷6～8s，2～3m内	10L喷60s，8m内 65L喷170s，13.5m内
使用方法	一手将喇叭口对准火源；另一只手打开开关	扭动开关，喷出液体	提起圈环，喷出干粉	拔下铅封或横锁，用力压压把即可	倒置摇动，打开开关喷药剂
保养	置于方便处，注意防冻、防晒和使用期	置于方便处	置于干燥通风处，注意防潮、防晒	置于干燥处，勿摔碰	置于方便处
检查	每月测量一次，低于原重量1/10时应充气	检查压力，注意充气	每年检查一次干粉是否结块，每半年检查一次压力	每年检查一次重量	每年检查一次，泡沫发生倍数低于4倍时应换药剂

6. 使用水扑灭普通火灾

水有显著的吸热冷却效果，水在蒸发时吸收大量热量能使燃烧物质的温度降低到燃点以下，水蒸气能稀释可燃气体和助燃气体的温度，并能阻止空气中的氧向燃烧物流通。水一般不能用来扑灭电气火灾，只能用于扑灭其他普通的火灾，另外，下列物质发生火灾时不能用水扑救：

1）碱金属（钾、钠等）发生火灾时不能用水扑救。因为水与碱金属作用后能生成大量的氢气，容易引起爆炸。

2）碳化钙（电石）不宜用水扑救，因其遇水会生成乙炔气，有引起爆炸的危险。

3）三酸（硫酸、硝酸、盐酸）不宜用强大水流去扑救，因为酸遇水能引起酸的飞溅、爆炸和伤人，必要时可用喷雾水扑救。

4）轻于水的易燃液体从原则上说不可以用水扑救，但原油、重油等都可以用喷雾水扑救，还有一部分能溶解于水的可燃液体也可以用喷雾水稀释它（如乙二醇等）。

5）熔化了的铁液、钢液也不能用水扑救，因为在高温情况下能使水迅速蒸发并分解出氢和氧而引起爆炸。

消防栓与水带的使用方法：消防栓箱的门一般用玻璃制作，紧急情况下可击碎玻璃取出水带，甩开水带后一端接水枪，一端连接消防栓，技术要求是对准卡口，顺时针旋转45°，水带不够长时，可另取一条按上述方法连接。

1.2.2 安全用电

在用电过程中，必须特别注意电气安全，稍有麻痹或疏忽，就可能造成严重的人身触电事故，或者引起火灾或爆炸，给国家和人民带来极大的损失。

1. 安全电压

我国的安全电压的额定值为42V、36V、24V、12V、6V。如手提照明灯、危险环境的携带式电动工具，应采用36V安全电压；金属容器内、隧道内、矿井内等工作场合，狭窄、行动不便及周围有大面积接地导体的环境，应采用24V或12V安全电压，以防止因触电而造成的人身伤害。

2. 安全距离

为了保证电气工作人员在电气设备运行操作、维护检修时不致误碰带电体，规定了工作人员离带电体的安全距离；为了保证电气设备在正常运行时不会出现击穿短路事故，规定了带电体离附近接地物体和不同相带电体之间的最小距离。安全距离主要有以下几方面：

1）设备带电部分到接地部分和设备不同相部分之间的安全距离，见表1-6。

2）设备带电部分到各种遮拦间的安全距离，见表1-7。

3）无遮拦裸导体到地面间的安全距离，见表1-8。

4）电气工作人员与带电设备间的安全距离，见表1-9。

表1-6 设备带电部分到接地部分和设备不同相部分之间的安全距离

设备额定电压/kV		1~3	6	10	35	60	110[1]	220[1]	330[1]	500[1]
带电部分到接地部分的安全距离/mm	屋内	75	100	125	300	550	850	1800	2600	3800
	屋外	200	200	200	400	650	900	1800	2600	3800
不同相带电部分之间的安全距离/mm	屋内	75	100	125	300	550	900	—	—	—
	屋外	200	200	200	400	650	1000	2000	2800	4200

[1] 中性点直接接地系统。

表1-7 设备带电部分到各种遮拦间的安全距离

设备额定电压/kV		1~3	6	10	35	60	110[1]	220[1]	330[1]	500[1]
带电部分到遮拦的安全距离/mm	屋内	825	850	875	1050	1300	1600	—	—	—
	屋外	950	950	950	1150	1350	1650	2550	3350	4500
带电部分到网状遮拦的安全距离/mm	屋内	175	200	225	400	650	950	—	—	—
	屋外	300	300	300	500	700	1000	1900	2700	5000
带电部分到板状遮拦的安全距离/mm	屋内	105	130	155	330	580	880			

[1] 中性点直接接地系统。

表 1-8 无遮拦裸导体到地面间的安全距离

设备额定电压/kV		1～3	6	10	35	60	110①	220①	330①	500①
无遮拦裸导体到地面间的安全距离/mm	屋内	2375	2400	2425	2600	2850	3150	—	—	—
	屋外	2700	2700	2700	2900	3100	3400	4300	5100	7500

① 中性点直接接地系统。

表 1-9 电气工作人员与带电设备间的安全距离

设备额定电压/kV	10 及以下	20～35	44	60	110	220	330
设备不停电时的安全距离/mm	700	1000	1200	1500	1500	3000	4000
工作人员工作时正常活动范围与带电设备的安全距离/mm	350	600	900	1500	1500	3000	4000
带电作业时人体与带电体之间的安全距离/mm	400	600	600	700	1000	1800	2600

3. 绝缘安全用具

绝缘安全用具是保证作业人员安全操作带电体及人体与带电体之间的距离不够安全距离时所采取的绝缘防护工具。绝缘安全用具按使用功能可分为：

（1）绝缘操作用具 绝缘操作用具主要用来进行带电操作、测量和其他需要直接接触电气设备的特定工作。常用的绝缘操作用具，一般有绝缘操作杆、绝缘夹钳等，如图 1-3 和图 1-4 所示。这些操作用具均由绝缘材料制成。正确使用绝缘操作用具，应注意以下两点：

1）绝缘操作用具本身必须具备合格的绝缘性能和机械强度。

2）只能在和其绝缘性能相适应的电气设备上使用。

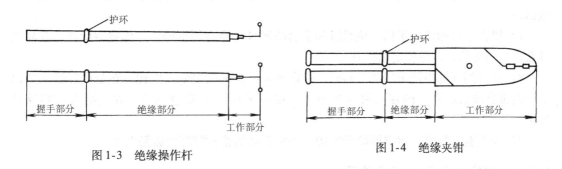

图 1-3 绝缘操作杆   图 1-4 绝缘夹钳

（2）绝缘防护用具 绝缘防护用具则对可能发生的有关电气伤害起到防护作用。主要用于对泄漏电流、接触电压、跨步电压和其他接近电气设备时存在的危险等进行防护。常用的绝缘防护用具有绝缘手套、绝缘靴、绝缘隔板、绝缘垫和绝缘站台等，如图 1-5 所示。当绝缘防护用具的绝缘强度足以承受设备的运行电压时，才可以用来直接接触运行的电气设备，一般不直接接触及带电设备。使用绝缘防护用具时，必须做到使用合格的绝缘用具，并掌握正确的使用方法。

1.2.3 电工安全操作

1）在进行电气设备安装与维修操作时，必须严格遵守各种安全操作规程，不得玩忽

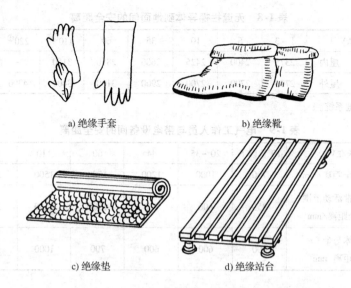

a) 绝缘手套　　　　　　　b) 绝缘靴

c) 绝缘垫　　　　　　　d) 绝缘站台

图 1-5　绝缘防护用具

失职。

2）进行电工操作时，要严格遵守停、送电操作规定，确实做好突然送电的各项安全措施，不准进行约时送电。

3）在邻近带电部分进行电工操作时，一定要保持可靠的安全距离。

4）严禁采用一线一地、两线一地、三线一地（指大地）安装用电设备和器具。

5）在一个插座或灯座上不可引接功率过大的用电器具。

6）不可用潮湿的手去触及开关、插座和灯座等，更不可用湿抹布去揩抹电气装置和用电器具。

7）操作工具的绝缘手柄、绝缘鞋和手套的绝缘性能必须良好，并作定期检查。登高工具必须牢固可靠，也应作定期检查。

8）在潮湿环境中使用移动电器时，一定要采用 36V 安全低压电源。在金属容器（如锅炉、蒸发器或管道等）内使用移动电器时，必须采用 12V 安全电源，并应有人在容器外监护。

9）发现有人触电，应立即断开电源，采取正确的抢救措施抢救触电者。

1.2.4　火灾发生后的应急处理

火灾发生后，我们应当根据灾情的具体情况，并根据自身条件选择适当的处理方式，主要有逃生、报警、避难引导以及灭火等。

1. 逃生

当火灾发生的时候，首先要想好逃生的路线，毕竟生命才是第一位的。

逃生人员需随时注意安全通道，保持两个以上的逃生路线。

由于火场中的浓烟是最致命的杀手，在有浓烟的情况下逃生人员需：低姿势——沿墙角爬行——通过安全通道寻找安全出口，并使用湿毛巾或手帕捂口鼻，避免吸入浓烟及有毒气体。

　　逃生人员在高楼上可以利用缓降机逃生。

　　逃生人员如无法靠自己的力量逃离火灾现场，则可以选择避难待救，如表 1-10 所示。

表 1-10　火灾现场避难待救流程图

序号	步骤	图　示
1	用湿布或胶布塞住门缝	
2	打电话或挥动手电筒，告知外面的人	
3	将门关闭，若有空调系统应关闭	

（续）

序号	步骤	图　示
4	到易获救处（如阳台、窗户、或屋顶平台）待救	
5	暂时无法获救时，绝不放弃求生意念，保持镇定，利用地形、地物，设法避难。	

2. 报警

当确认火灾发生时，立即拨打火警电话119，并通报火灾情况。报警内容如下所示：

"发生火灾了，地点在株洲市石峰区田心大道平安小区12栋3单元4楼，在步步高超市门口旁边，请走建设南路到步步高超市门口，进入平安小区右行50米！

我的座机电话是：0731－12345678

我的移动电话是：13812345678

请复述以确认记录正确。"

在119接线员确认报警情况，由接线员先挂电话后报警人员才能挂断电话。

在火灾发生的现场，可以通过广播引导人群紧急撤离，广播稿如下：

"现在平安小区12栋3单元4楼发生火灾，请大家相互通知，一户一户的撤离，不可以推人，快速到小区中间草坪上来。"

3. 避难引导

当确认火灾发生后，如果灾害现场人员较多，为避免拥挤发生踩踏事故，或者盲目避难等现象，需要自发形成避难引导人员，可以组织人群安全撤离火灾现场。引导人员应当根据火灾现场实际情况，选择最佳逃生路线。

引导人员在组织撤离时可以用命令口气说：

> "不要拿东西，赶快逃要紧！
>
> 使用手帕、保持低姿势逃生。"

引导到紧急出口说：

> "从这里逃出去！"

4. 灭火

在应对初期的火患，未出现明显火苗，或者火势较小时，有经验的人员可以使用合适的灭火器灭火。当火势越来越大，并有浓烟蔓延，可能封锁逃生通道时，则应赶快离开火灾现场，等待专业消防人员前来处理。

对于可以使用水扑灭的火患，可以就近使用消防栓，放水灭火。如果是电气火患需要使用消防栓灭火，则必须先断开电源，操作者穿上绝缘靴，戴好绝缘手套，将水枪喷嘴可靠接地，并根据安全距离来进行灭火。消防栓的使用方法如表1-11所示。

表1-11　消防栓使用方法

序号	步骤	图　示
1	按消防栓警铃	
2	开箱门	
3	拿瞄子	

（续）

序号	步骤	图　示
4	拉水带，或将水带滚开至火场	
5	转水阀放水	
6	转动瞄子，选择 A－水柱：扑灭火源 B－水雾：冷却室温、阻绝浓烟	

当火苗无法控制，或已延烧到天花板时，应立即停止灭火尽快逃生，等待专业消防人员前来。

1.3　综合实训　火灾的应急处理演练

假设某单位驻地出现火灾，大量群众需要逃离现场，而你身处其中，请分小组研讨，设置模拟事故场景，并通过逃生、报警、避难引导、灭火操作等环节来演练火灾现场的应急处理。

1.3.1　任务安排与学生分组

本次任务，我们将在一个模拟的火灾现场，进行应急处理演练。首先进行人员分组，每一个小组的名称和主要任务如表1-12所示。

表 1-12　火灾的应急处理演练分组与任务安排表

组号	小组名称	主要任务	成员
1	逃生小组	正确逃离火灾现场 避难待救	
2	报警小组	拨打火警电话119，并通报火灾情况 广播火警情况	
3	避难引导小组	选择各场所最适当避难途径 引导人群紧急疏散避难	
4	灭火小组	使用灭火器灭火 使用消防栓，放水灭火	

1.3.2　穿戴与使用绝缘防护用具

进入实训或者工作现场着装必须穿工作服（长袖）、戴安全帽。安全帽必须系紧帽带，长袖工作服不得卷袖。进入现场必须穿合格的工作鞋，任何人不得穿高跟鞋、网眼鞋、钉子鞋、凉鞋、拖鞋等进入现场。在有机械转动环境中工作的人员不许戴手套、系领带和围巾。

1）确认自己已经戴上了安全帽。

2）确认自己已经穿上了工作服、工作鞋。

1.3.3　仪器仪表、工具与材料的领取与检查

1. 所需仪器仪表、工具与材料

所需工具：干粉灭火器、二氧化碳灭火器。

2. 仪器仪表、工具与材料领取

领取干粉灭火器、二氧化碳灭火器等器材后，将对应的参数填写到表 1-13 中。

表 1-13　仪器仪表、工具与材料领取表

序号	名称	型号	规格与主要参数	数量	备注
1	干粉灭火器				
2	二氧化碳灭火器				

本次训练如需用到消防栓，须征得消防主管部门同意。

3. 检查领到的仪器仪表与工具

1）灭火器是否有消防许可。

2）灭火器是否未过期。

3）灭火器的铅封、保险销、喷管等是否正常。

1.3.4　火灾现场应急处理演练

在有确切安全保障和防止污染的前提下点燃一盆明火，作为模拟的电气火灾现场。分组研讨设计逃生、报警、避难引导以及灭火的几个环节，并具体实施，演练内容记录至表 1-14。

表1-14 火灾现场应急处理演练记录单

组号	项目	环节	内容
1	逃生	设计逃生路线1	
		设计逃生路线2	
		逃生操作步骤	
		避难待救步骤	
2	报警	拨打火警电话	
		拨打电话内容	
3	避难引导	设计避难引导点	
		避难引导内容	
4	灭火	火源判别	
		灭火方式	
		操作步骤	

1.3.5 按照现代企业8S管理要求进行工作现场的整理

训练完成后，应及时对工作场地进行卫生清洁，使物品摆放整齐有序，保持现场的整洁、安全、做到标准化管理。

1）整理自己的工作场地，打扫现场卫生。

2）根据任务分工要求，打扫实训场地卫生。

3）根据工作现场要求，归位场地内的设施和设备。

4）拉闸断电，保证实训场地的安全。

1.3.6 仪器仪表、工具与材料的归还

1）整理灭火器，归还灭火器。

2）整理消防栓，并向相关管理部门汇报。

3）归还安全帽、工作鞋及相关材料。

1.4 考核评价

考核评价表见表1-15。

表1-15 考核评价表

考核项目	考核内容	考核方式	百分比
态度	1）能按照现场管理要求（整理、整顿、清扫、清洁、素养、安全、节约、环保）安全文明生产 2）能严格按照工艺文件要求使用灭火器 3）具有团队合作精神，具有一定的组织协调能力	学生自评＋学生互评＋教师评价	30%

（续）

考核项目	考 核 内 容	考 核 方 式	百分比
技能	1）会使用干粉灭火器、二氧化碳灭火器灭火 2）会使用消防栓放水灭火 3）掌握火灾逃生基本技能 4）会使用绝缘安全工具 5）会查找相关资料 6）会撰写项目报告	教师评价＋学生互评＋学生自评	40%
知识	1）掌握安全电压、安全距离、安全用电基本知识 2）掌握电工操作安全知识 3）掌握火灾基本常识 4）掌握火灾逃生、疏散、报警等基本知识	教师评价	30%

习题与思考题

1-1　电气火灾产生的原因有哪些？

1-2　电气火灾发生后，该选择何种灭火器灭火，如何使用？

1-3　火灾发生后火势不能控制，如何逃生？

1-4　火灾发生后，如何报警？

1-5　火灾发生后，如何组织人员撤离灾害现场？

1-6　常用灭火器的保养和检查措施有哪些？

1-7　什么叫安全电压？

1-8　为什么安全电压常用 12V、24V、36V 三个等级？

1-9　发生电气火灾应如何扑救？

1-10　电气工作人员在进行设备维修时与 110kV 带电部分间的安全距离是多少？

触电人员的急救

项目描述

随着电能应用领域的不断拓展，以电能为介质的各种电气设备广泛进入企业、社会和家庭生活中，与此同时，使用电气设备所带来的不安全事故也不断发生。为了实现电气安全，在对电网本身的安全进行保护的同时，更要重视用电的安全问题。因此，学习安全用电基本知识，掌握常规触电防护技术，是保证用电安全的有效途径。

通过本项目的学习，我们应该了解触电的基本常识，掌握电气设备安全运行的基本知识，学会防止触电，另外在发生触电事故时，能临危不乱，迅速使触电人员脱离电源，并能使用心肺复苏术进行急救。

2.1 项目演练 触电人员的急救

2.1.1 穿戴与使用绝缘防护用具

进入实训或者工作现场着装必须穿工作服（长袖）、戴安全帽。安全帽必须系紧帽带，长袖工作服不得卷袖。进入现场必须穿合格的工作鞋，任何人不得穿高跟鞋、网眼鞋、钉子鞋、凉鞋、拖鞋等进入现场。在有机械转动环境中工作的人员不许戴手套、系领带和围巾。

1）确认自己已经戴上了安全帽。

2）确认自己已经穿上了工作服、工作鞋。

2.1.2 仪器仪表、工具与材料的领取与检查

1. 所需仪器仪表、工具与材料

心肺复苏急救模拟人、体操垫、消防斧。

2. 仪器仪表、工具与材料领取

领取心肺复苏急救模拟人、体操垫等器材后，将对应的参数填写到表2-1中。

表2-1 仪器仪表、工具与材料领取表

序号	名称	型号	规格与主要参数	数量	备注
1	心肺复苏急救模拟人				
2	消防斧				
3	体操垫				
4	绝缘手套				

3. 检查领到的仪器仪表与工具

1）绝缘手套有无破损。

2）体操垫、消防斧使用是否正常。

3）心肺复苏急救模拟人使用是否正常。

2.1.3　使触电者脱离电源

对于低压触电事故，可采用表2-2中的方法使触电者脱离电源，并将具体完成情况填入该表中。

表2-2　使触电者脱离电源的几种方法

序号	步　骤	图　示	完成情况记录
1	直接拉闸切断电源		
2	带上绝缘手套，或使用绝缘工具使触电者脱离带电体		
3	站在绝缘垫或绝缘木板上使触电者脱离带电体（尽量使用1只手操作）		
4	使用绝缘柄斧头砍断电线		

2.1.4 使用心肺复苏术对触电者进行急救

将心肺复苏急救模拟人放在体操垫上,根据需要使用心肺复苏术对病人施救,一般使用"叫 – 叫 – A – B – C"的方法,实施步骤见表2-3。

表2-3 心肺复苏术施救实施步骤

序号	步骤	实施要点	图示	完成情况记录
1	叫病人:评估意识状态	1)呼叫名字 2)轻拍肩膀 "你还好吗?" "睁开眼睛!" 3)疼痛刺激	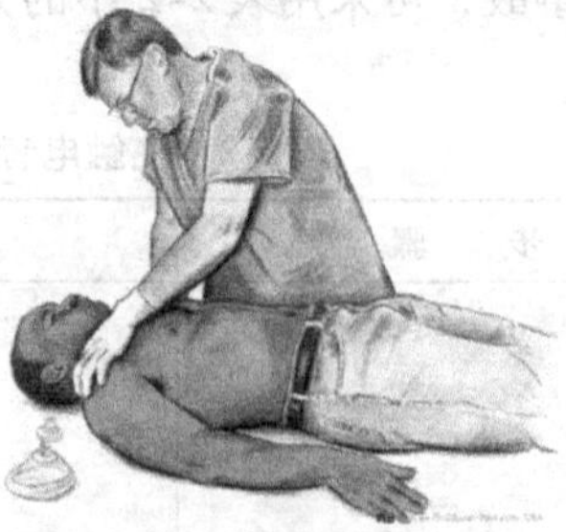	
2	叫救命:启动应急医疗服务系统	病人没有反应,立即呼叫120急救		
3	Airway:开放气道	压额头,抬下巴	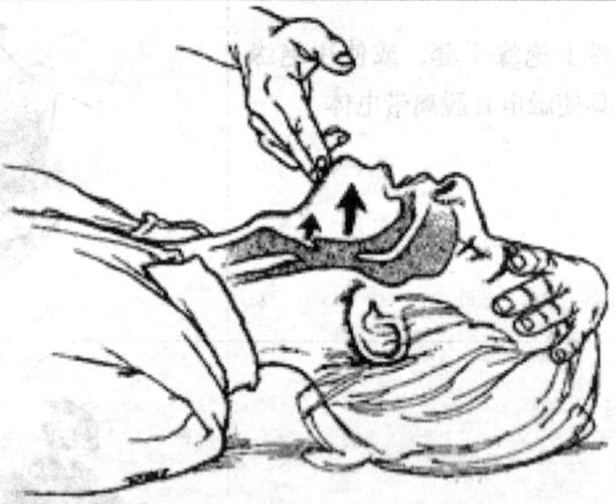	
4	Breathing:救生呼吸	通过看、听、感觉判断病人有无呼吸,若无呼吸,立即进行口对口人工呼吸		

（续）

序号	步　骤	实施要点	图　示	完成情况记录
5	Circulation：人工循环	胸外心脏按压	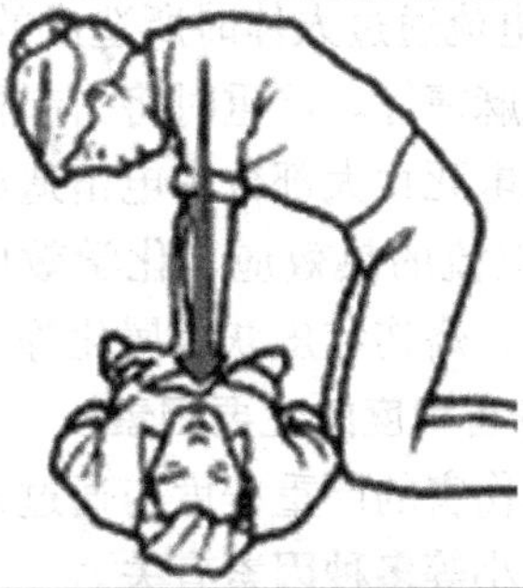	
6	检查病人情况	每2min检查病人有无呼吸、脉搏、心跳，如有则摆图示复苏姿势，等待救援；若无呼吸重复第4步	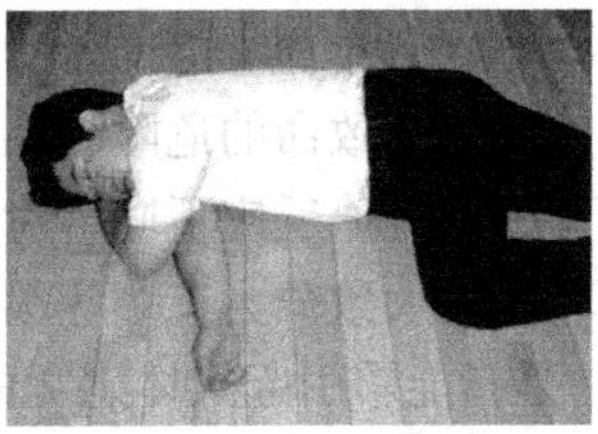	

对于溺水、创伤、食物中毒以及受伤者是小孩等紧急情况应当先进行急救处理，再求救。

2.1.5　按照现代企业8S管理要求进行工作现场的整理

训练完成后，应及时对工作场地进行卫生清洁，使物品摆放整齐有序，保持现场的整洁、安全，做到标准化管理。

1）整理自己的工作场地，打扫现场卫生。
2）根据任务分工要求，打扫实训场地卫生。
3）根据工作现场要求，归位场地内的设施和设备。
4）拉闸断电，保证实训场地的安全。

2.1.6　仪器仪表、工具与材料的归还

仪器仪表、工具与材料使用完毕后应归还相应管理部门或单位。

1）归还绝缘手套、绝缘鞋及相关材料。
2）归还体操垫、消防斧。
3）归还心肺复苏急救模拟人。

2.2　相关知识介绍

2.2.1　触电

人体是导电体，一旦有电流通过时，将会受到不同程度的伤害。由于触电的种类、方式及条件的不同，受伤害的后果也不一样。

1. 触电的种类

人体触电有电击和电伤两类:

1) 电击是指电流通过人体时所造成的内伤。它可以使肌肉抽搐,内部组织损伤,造成发热、发麻、神经麻痹等。严重时将引起昏迷、窒息,甚至心脏停止跳动而死亡。通常说的触电就是电击。触电死亡大部分由电击造成。

2) 电伤是指电流的热效应、化学效应、机械效应以及电流本身作用下造成的人体外伤。常见的有灼伤、烙伤和皮肤金属化等现象。

2. 影响触电危害程度的主要因素

触电时,人体伤害的严重程度与通过人体电流的大小、频率、持续时间、通过人体的路径及人体电阻的大小等多种因素有关。

(1) 电流大小　通过人体的电流越大,人体的生理反应就越明显,感应越强烈,引起心室颤动所需的时间越短,致命的危险越大。

人体对不同频率的电流值反应不同,对于工频交流电,按照通过人体电流的大小以及人体的不同反应,可将电流大致分为三个等级:

1) 感觉电流,是指能够引起人体感觉的最小电流。实验表明,成年男性的平均感觉电流约为 1.1mA,成年女性的为 0.7mA。感觉电流不会对人体造成伤害,但电流增大时,人体反应变的强烈,可能造成坠落等间接事故。

2) 摆脱电流,是指人体触电后能自主摆脱电源的最大电流。实验表明,成年男性的平均摆脱电流约为 16mA,成年女性的约为 10mA。

3) 致命电流,是指在较短的时间内危及生命的最小电流。实验表明,当通过人体的电流达到 50mA 以上时,心脏会停止跳动,可能导致死亡。

(2) 电流频率　工频交流电的危害性大于直流电,因为交流电主要是麻痹破坏神经系统,往往难以自主摆脱。一般认为 40~60Hz 的交流电对人体危害最大。随着频率的增加,危险性将降低。低压高频电流不仅不伤害人体,合理利用后还能治病。

(3) 电流的作用时间　当人体触电时,通过电流的时间越长,越容易造成心室颤动,生命危险性就越大。据统计,触电 1~5min 内急救,90% 有良好的效果,10min 内有 60% 救生率,超过 15min 希望甚微。

触电保护器的一个主要指标就是额定断开时间与电流乘积小于 30mA·s。实际产品的额定动作电流一般为 30mA,动作时间为 0.1s,故小于 30mA·s,可有效防止触电事故。

(4) 电流路径　电流通过头部可使人昏迷;通过脊髓可能导致瘫痪;通过心脏可能造成心跳停止,血液循环中断;通过呼吸系统会造成窒息。因此,从左手到胸部是最危险的电流路径,从手到手、从手到脚也是很危险的电流路径,从脚到脚是危险性较小的电流路径。

(5) 人体电阻　人体电阻是不确定的电阻,皮肤干燥时一般为 100kΩ 左右,而一旦潮湿可降到 1kΩ。人体不同,对电流的敏感程度也不一样,一般地说,儿童比成年人敏感,女性比男性敏感。患有心脏病者,触电后死亡的可能性更大。

(6) 安全电压　安全电压是指人体不戴任何防护设备时,触及带电体能够不受电击或电伤的电压。人体触电的本质是电流通过人体产生了有害效应,然而触电的形式通常都是人体的两部分同时触及了带电体,而且这两个带电体之间存在着电位差。因此在电击防护措施中,要将流过人体的电流限制在无危险范围内,也就是将人体能触及的电压限制在安全的范围内。国家标准制定了安全电压系列，称为安全电压等级或额定值，这些额定值指的是交流有效值，分为42V、36V、24V、12V、6V等几种。

3. 触电方式

（1）单相触电　这是常见的触电方式。人体的某一部分接触带电体的同时，另一部分又与大地（或中性线）相接，电流从带电体流经人体到大地（或中性线）形成回路，可以分为中性点直接接地和不直接接地两种情况，如图2-1所示。

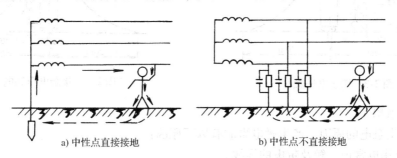

a) 中性点直接接地　　　　b) 中性点不直接接地

图 2-1　单相触电

（2）两相触电　人体的不同部分同时接触两相电源时造成的触电，如图2-2所示。对于这种情况，无论电网中性点是否接地，人体所承受的线电压将比单相触电时高，危险更大。

（3）跨步电压触电　雷电流入地或电力线（特别是高压线）断散到地时，会在导线接地点及周围形成强电场。当人畜跨进这个区域，两脚之间出现的电位差称为跨步电压U_{St}。在这种电压作用下，电流从接触高电位的脚流进，从接触低电位的脚流出，从而形成触电，如图2-3所示。跨步电压的大小取决于人体站立点与接地点的距离，距离越小，其跨步电压越大。当距离超过20m（理论上为无穷远处），可认为跨步电压为零，不会发生触电危险。

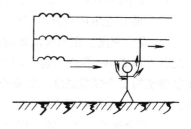

图 2-2　两相触电

（4）接触电压触电　电气设备由于绝缘损坏或其他原因造成接地故障时，如人体两个部分（手和脚）同时接触设备外壳和地面时，人体两部分会处于不同的电位，其电位差即为接触电压。由接触电压造成触电的事故称为接触电压触电。在电气安全技术中，接触电压是以站立在距漏电设备接地点水平距离为0.8m处的人，手触及的漏电设备外壳距地1.8m高时，手脚间的电位差U_T作为衡量基准，如图2-4所示。接触电压值的大小取决于人体站立点与接地点的距离，距离越远，则接触电压值越大；当距离超过20m时，接触电压值最大，即等于漏电设备上的电压U_{Tm}；当人体站在接地点与漏电设备接触时，接触电压为零。

（5）感应电压触电　感应电压触电是指当人触及带有感应电压的设备和电路时所造成的触电事故。一些不带电的电路由于大气变化（如雷电活动）会产生感应电荷；断电后一些可能感应出电压的设备和电路如果未及时接地，这些设备和电路对地均存在感应电压。

（6）剩余电荷触电　剩余电荷触电是指当人体触及带有剩余电荷的设备时，对人体放电造成的触电事故。带有剩余电荷的设备通常含有储能元件，如并联电容器、电力电缆、电力变压器及大容量电动机等，在其退出运行或对其进行类似绝缘电阻表测量等检修后，会带上剩余电荷，人体接触时可能造成触电事故，因此要及时对其放电。

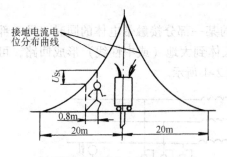

图 2-3 跨步电压触电

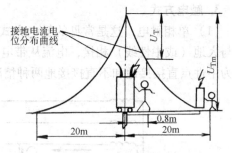

图 2-4 接触电压触电

4. 防止触电

（1）产生触电的原因 产生触电事故有以下原因：

1）缺乏用电常识，触及带电的导线。

2）没有遵守操作规程，人体直接与带电体部分接触。

3）由于用电设备管理不当，使绝缘损坏，发生漏电，人体碰触漏电设备外壳。

4）高压线路落地，造成跨步电压，引起对人体的伤害。

5）检修中，安全组织措施和安全技术措施不完善，接线错误，造成触电事故。

6）其他偶然因素，如人体受雷击等。

（2）防止触电的措施 工矿企业中防止触电的措施有：

1）安全制度。在电气设备的设计、制造、安装、运行、使用和维护以及专用保护装置的配置等环节中，要严格遵守国家规定的标准和法规。加强安全教育，普及安全用电知识。建立健全的安全规章制度，如安全操作规程、电气安装规程、运行管理规程、维护检修制度等，并在实际工作中严格执行。

2）安全措施 在线路上作业或检修设备时，应在停电后进行，并采取下列安全技术措施：切断电源、验电、装设临时地线。此外，对电气设备还应采取下列一些安全措施：

① 电气设备的金属外壳要采取保护接地或接零。

② 安装自动断电装置。

③ 尽可能采用安全电压。

④ 保证电气设备具有良好的绝缘性能。

⑤ 采用电气安全用具。

⑥ 设立保护装置。

⑦ 保证人或物与带电体的安全距离。

⑧ 定期检查用电设备。

2.2.2 触电急救

触电急救的要点是要动作迅速，救护得法，切不可惊慌失措、束手无策。

1. 首先要尽快使触电者脱离电源

人触电以后，可能由于痉挛或失去知觉等原因而紧抓带电体，不能自行摆脱电源。这时，使触电者尽快脱离电源是救活触电者的首要因素，此时抢救人员不要惊慌，要在保护自己不触电的情况下使触电者脱离电源。

（1）低压触电事故　对于低压触电事故，可采用下列方法使触电者脱离电源。

1）触电地点附近有电源开关或插头，可立即断开开关或拔掉电源插头，切断电源。

2）电源开关远离触电地点，可用有绝缘柄的电工钳或干燥木柄的斧头分相切断电线，断开电源；或用干木板等绝缘物插入触电者身下，以隔断电流。

3）电线搭落在触电者身上或被压在身下时，可用干燥的衣服、手套、绳索、木板、木棒等绝缘物作为工具，拉开触电者或挑开电线，使触电者脱离电源。

（2）高压触电事故　对于高压触电事故，可以采用下列方法使触电者脱离电源。

1）立即通知有关部门停电。

2）戴上绝缘手套，穿上绝缘靴，用相应电压等级的绝缘工具断开开关。

3）抛掷裸金属线使电路短路接地，迫使保护装置动作，断开电源。**注意**：在抛掷金属线前，应将金属线的一端可靠接地，然后抛掷另一端。

（3）脱离电源的注意事项

1）救护人员不可以直接用手或其他金属及潮湿的物件作为救护工具，而必须采用适当的绝缘工具且单手操作，以防止自身触电。

2）防止触电者脱离电源后可能造成的摔伤。

3）如果触电事故发生在夜间，应当迅速解决临时照明问题，以利于抢救，并避免扩大事故。

2. 选用合适的急救方法

在触电者脱离电源后，应当根据触电者的具体情况，迅速地对症进行救护，大体上可按照以下3种情况分别处理：

1）如果触电者伤势不重，神志清醒，但是有些心慌、四肢发麻、全身无力；或者触电者在触电的过程中曾经一度昏迷，但已经恢复清醒。在这种情况下，应当使触电者安静休息，不要走动，严密观察，并请医生前来诊治或送往医院。

2）如果触电者伤势比较严重，已经失去知觉，但仍有心跳和呼吸，这时应当使触电者舒适、安静地平卧，保持空气流通。同时揭开他的衣服，以利于呼吸，如果天气寒冷，要注意保温，并要立即请医生诊治或送医院。

3）如果触电者伤势严重，呼吸停止或心脏停止跳动或两者都已停止时，则应立即实行人工呼吸和胸外挤压，并迅速请医生诊治或送往医院。**注意**：急救要尽快地进行，不能等候医生的到来，在送往医院的途中，也不能中止急救。

3. 心肺复苏术

心跳、呼吸骤停的急救技术，简称心肺复苏术。心肺复苏术通常指采用人工胸外心脏按压和口对口人工呼吸法帮助触电者恢复心跳和呼吸，最后使触电者恢复自主呼吸功能的一种急救技术。

在某些意外情况下，人体在发生心跳、呼吸突然中止后会造成血液循环的停止。脑细胞对缺氧十分敏感，一般在血液循环停止后4~6min大脑即发生严重损害，甚至不能恢复，所以必须争分夺秒地进行心肺复苏。通过人工呼吸和胸外心脏按压可以使呼吸、血液循环得以恢复，从而挽救生命。

（1）初级心肺复苏术　主要包括以下内容：

1）评估意识状态。

2）启动急症医疗服务系统。

3）心肺复苏的 ABC：

A：Airway——开放气道。

B：Breathing——救生呼吸。

C：Circulation——人工循环。

（2）开放气道

1）使触电者仰卧，头颈、躯干无扭曲，两臂放于身体两侧。

2）解开上衣、腰带，暴露胸部。

3）清除口腔内异物、食物、痰液和假牙。

4）压额头，抬下巴。急救者一手置于触电者前额，手掌向后下方施力，使头呈后仰位，另一手托起其下颌部，打开气道。有些触电者此时就会开始自主呼吸；如果触电者仍不能恢复呼吸运动，须立即开始人工呼吸。

（3）口对口人工呼吸法　通过看、听、感觉判断触电者有无呼吸，若无呼吸，立即进行口对口人工呼吸，如图 2-5 所示，具体步骤如下：

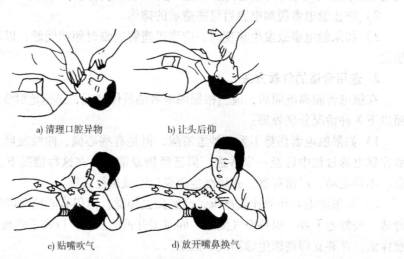

a) 清理口腔异物　　　　b) 让头后仰

c) 贴嘴吹气　　　　d) 放开嘴鼻换气

图 2-5　口对口人工呼吸法

1）用托起触电者下巴之手的拇指把触电者下巴打开，用按于前额之手的拇指和食指，捏住触电者的鼻翼下端。

2）抢救者深吸一口气后，张开口贴紧触电者的嘴。

3）深而快地向触电者口内用力吹气，直至触电者胸廓向上抬起为止。

4）一次吹气完毕后，立即与触电者口部脱离，抬起头部，面向触电者胸部，吸入新鲜空气，准备做下一次人工呼吸；同时使触电者的口张开，捏鼻的手放松，触电者从鼻孔通气，观察触电者胸廓向下恢复。

5）通气频率：10～12 次/min，间隔 4～5s 一次，对儿童触电者可略快些，应与心脏按压成比例。无论单人或是双人操作，心脏按压 15 次，吹气 2 次（15：2），交替进行。

6）吹气量：成人 10ml/kg 约 700～1000ml/次，每次吹气应维持 2s。

人工呼吸不断重复地进行，直到触电者苏醒为止。对儿童施行此法时，不必捏鼻。开口困难时，可以使其嘴唇紧闭，对准鼻孔吹气（即口对鼻人工呼吸），效果相似。

（4）胸外心脏按压法 胸外心脏按压法是触电者心脏跳动停止后采用的急救方法。具体操作步骤如图2-6所示。

1）使触电者仰卧在结实的平地或木板上，松开衣领和腰带，使其头部稍后仰（颈部可枕垫软物），抢救者跪跨在触电者腰部两侧。

2）确定胸外按压的位置（胸骨中下1/3交界处），如图2-6a所示，右手掌根部置于按压位置，左手掌压在右手背上，手指交叉，双侧肘关节伸直，如图2-6b所示（对儿童可用一只手）。

3）抢救者借身体重量实施有节律的胸外心脏按压，按压深度4~5cm，突然松开，如图2-6d所示，按压频率约80~100次/min。要求按压定位要准确，用力要适当，防止用力过猛给触电者造成内伤和用力过小挤压无效，对儿童用力要适当小些。救护时按压不可中断，直至触电者苏醒为止。

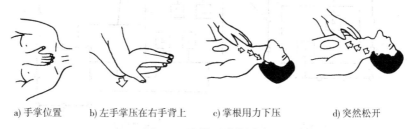

a) 手掌位置　　b) 左手掌压在右手背上　　c) 掌根用力下压　　d) 突然松开

图2-6 胸外心脏按压法

（5）心肺复苏术的选择

1）有轻微呼吸和轻微心跳，不用做人工呼吸，观察其病变，可用油擦身体，轻轻按摩。

2）有心跳，无呼吸，可用口对口人工呼吸法。

3）有呼吸，无心跳，可用胸外心脏按压法。

4）呼吸，心跳全无，可用胸外心脏按压与口对口人工呼吸法配合抢救，这是目前国内推广的最佳方法。单人救护时，可先吹气2~3次，再按压10~15次，交替进行，如图2-7a所示。双人救护时，每5s吹气一次，每1s按压一次，两人同时进行操作，如图2-7b所示。

抢救既要迅速又要有耐心，即使在送往医院途中也不能停止抢救。此外不能给触电者打强心针、泼冷水或压木板等。

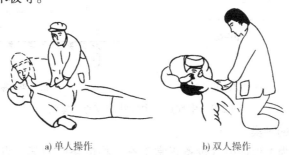

a) 单人操作　　　　　　　b) 双人操作

图2-7 无心跳无呼吸触电者急救

2.2.3　电气设备安全运行

1. 接地

（1）接地的基本概念　接地是将电气设备或装置的某一点（接地端）与大地之间做符合技术要求的电气连接，目的是利用大地为正常运行、绝缘损坏或遭受雷击等情况下的电气设备等提供对地电流流通回路，保证电气设备和人身的安全。

（2）接地装置　接地装置由接地体和接地线两部分组成，如图 2-8 所示。接地体是埋入大地中并和大地直接接触的导体组，它分为自然接地体和人工接地体。自然接地体是利用与大地有可靠连接的金属构件、金属管道、钢筋混凝土建筑物的基础等作为接地体。人工接地体是用型钢（如角钢、钢管、扁钢、圆钢）制成的。人工接地体一般有水平敷设和垂直敷设两种。电气设备或装置的接地端与接地体相连的金属导线称为接地线。

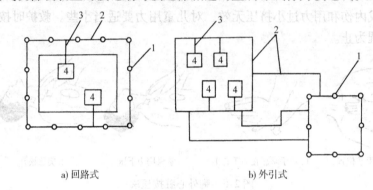

a) 回路式　　　　　　　　　b) 外引式

图 2-8　接地装置示意图

1—接地体　2—接地干线　3—接地支线　4—电气设备

（3）中性点与中性线　星形联结的三相电路中，三相电源或负载连在一起的点称为三相电路的中性点。由中性点引出的线称为中性线，用 N 表示，如图 2-9a 所示。

（4）零点与零线　当三相电路中性点接地时，该中性点称为零点。由零点引出的线称为零线，如图 2-9b 所示。

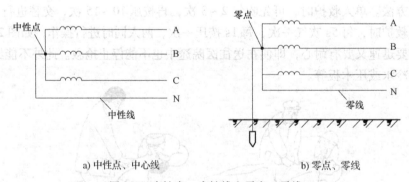

a) 中性点、中心线　　　　　　　　b) 零点、零线

图 2-9　中性点、中性线和零点、零线

2. 电气设备接地的种类

（1）工作接地　为了保证电气设备正常工作，将电路中的某一点通过接地装置与大地可靠地连接，称为工作接地。如变压器低压侧的中性点、电压互感器和电流互感器的二次侧

某一点接地等。

供电系统中电源变压器中性点接地称为中性点直接接地系统；中性点不接地的称为中性点不接地系统。中性点接地系统中，一相短路，其他两相的对地电压为相电压。中性点不接地系统中，一相短路，其他两相的对地电压接近线电压。

（2）保护接地　保护接地是将电气设备正常情况下不带电的金属外壳通过接地装置与大地可靠连接，其原理如图 2-10 所示。当电气设备不加保护接地时，如图 2-10a 所示，若绝缘损坏，导致一相电源碰壳时，电流将经线路流过人体电阻 R_r，流入大地，人便会触电；当电气设备加保护接地时，如图 2-10b 所示，虽有一相电源碰壳，但由于人体电阻 R_r 远大于接地电阻 R_d（一般为几欧），所以通过人体的电流 I_r 极小，流过接地装置的电流 I'_d 则很大，从而保证了人体安全。

保护接地适用于中性点不接地或不直接接地的电网系统。

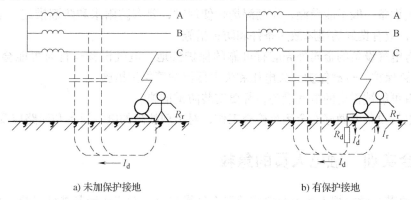

a) 未加保护接地　　　　　b) 有保护接地

图 2-10　保护接地原理

（3）保护接零　在中性点直接接地系统中，把电气设备金属外壳等与电网中的零线作可靠的电气连接，称为保护接零。保护接零可以起到保护人身和设备安全的作用，其原理如图2-11b所示。当一相绝缘损坏碰壳时，由于外壳与零线连通，形成该相对零线的单相短路，短路电流使线路上的保护装置（如熔断器、低压断路器等）迅速动作，切断电源，消除触电危险。对未接零设备，对地短路电流则不一定能使线路保护装置迅速可靠动作，如图 2-11a 所示。

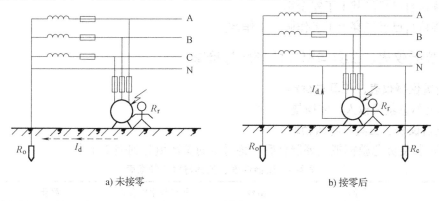

a) 未接零　　　　　　　b) 接零后

图 2-11　保护接零原理

(4) 重复接地　三相四线制的零线经接地装置在多处与大地连接的情况称为重复接地。对 1kV 以下的接零系统中，重复接地的接地电阻不应大于 10Ω。重复接地的作用是降低三相不平衡电路中零线上可能出现的危险电压，减轻单相接地或高压串入低压的危险。

(5) 其他保护接地

1）过电压保护接地：为了消除雷击或过电压的危险而设置的接地。

2）防静电接地：为了消除生产过程中产生的静电而设置的接地。

3）屏蔽接地：为了防止电磁感应而对电力设备的金属外壳、屏蔽罩、屏蔽线的外皮或建筑物金属屏蔽体等进行的接地。

3. 电气设备安全运行措施

1）必须严格遵守操作规程，接通电路时，先合隔离开关，再合负荷开关；分断电路时，先断负荷开关，再断隔离开关。

2）电气设备一般不能受潮，在潮湿场合使用时，要有防雨水和防潮措施。电气设备工作时会发热，应有良好的通风散热条件和防火措施。

3）所有电气设备的金属外壳应有可靠的保护接地。电气设备运行时可能会出现故障，所以应有短路保护、过载保护、欠电压和失电压保护等保护措施。

4）凡有可能被雷击的电气设备，都要安装防雷措施。

5）对电气设备要做好安全运行检查工作，对出现故障的电气设备和线路应及时检修。

2.3　综合实训　触电人员的急救

将心肺复苏急救模拟人按急救要求放置在体操垫上，对完成情况进行记录，并注意保持现场的规范化管理。

2.3.1　穿戴与使用绝缘防护用具

进入实训或者工作现场着装必须穿工作服（长袖）、戴安全帽。安全帽必须系紧帽带，长袖工作服不得卷袖。进入现场必须穿合格的工作鞋，任何人不得穿高跟鞋、网眼鞋、钉子鞋、凉鞋、拖鞋等进入现场。在有机械转动环境中工作的人员不许戴手套、系领带和围巾。

1）确认自己已经戴上了安全帽。

2）确认自己已经穿上了工作服、工作鞋。

2.3.2　仪器仪表、工具与材料的领取与检查

1. 所需仪器仪表、工具与材料

心肺复苏急救模拟人、体操垫。

2. 仪器仪表、工具与材料领取

领取心肺复苏急救模拟人等器材后，将对应的参数填写到表 2-4 中。

表 2-4　仪器仪表、工具与材料领取表

序号	名称	型号	规格与主要参数	数量	备注
1	心肺复苏急救模拟人				
2	体操垫				

3. 检查领到的仪器仪表与工具

1）心肺复苏急救模拟人使用是否正常。

2）体操垫使用是否正常。

2.3.3 使用心肺复苏术对触电者进行急救

将心肺复苏急救模拟人放在体操垫上，根据需要使用心肺复苏术对病人施救，分别进行单人实施口对口人工呼吸、单人实施胸外心脏按压、单人实施心肺复苏术及双人心肺复苏术，见表2-5。

表 2-5 训练内容与操作步骤

序号	训练内容	操作步骤	时长	完成情况记录
1	单人实施口对口人工呼吸	准备	1min	
		施救者吹气		
		被救者呼气		
		通气频率		
		吹气量		
2	单人实施胸外心脏按压	准备	1min	
		按压位置		
		按压深度		
		按压频率		
		操作要领		
3	单人实施心肺复苏术	有轻微呼吸和轻微心跳者适用	1min	
		有心跳，无呼吸适用		
		有呼吸，无心跳适用		
		呼吸，心跳全无适用		
4	双人心肺复苏术	抢救者1进行	1min	
		抢救者2进行		
		操作要领		

2.3.4 按照现代企业 8S 管理要求进行工作现场的整理

训练完成后，应及时对工作场地进行卫生清洁，使物品摆放整齐有序，保持现场的整洁、安全，做到标准化管理。

1）整理自己的工作场地，打扫现场卫生。

2）根据任务分工要求，打扫实训场地卫生。

3）根据工作现场要求，归位场地内的设施和设备。

4）拉闸断电，保证实训场地的安全。

2.3.5 仪器仪表、工具与材料的归还

1）归还绝缘手套、工作鞋及相关材料。

2）归还体操垫。

3）归还心肺复苏急救模拟人。

2.4　考核评价

考核评价表见表2-6。

表2-6　考核评价表

考核项目	考核内容	考核方式	百分比
态度	1）能按照现场管理要求（整理、整顿、清扫、清洁、素养、安全、节约、环保）安全文明生产 2）能严格按照工艺文件要求进行触电急救演练 3）具有团队合作精神，具有一定的组织协调能力	学生自评＋学生互评＋教师评价	30%
技能	1）会选择和使用正确方法使触电者脱离带电体 2）会使用心肺复苏术对触电者进行急救 3）会查找相关资料 4）会撰写项目报告	教师评价＋学生互评＋学生自评	40%
知识	1）掌握触电基本知识 2）掌握触电急救基本知识 3）掌握电气设备安全运行的基本知识	教师评价	30%

习题与思考题

2-1　什么是接地，常用电气设备的接地有哪几种？

2-2　什么叫保护接地？什么叫保护接零？保护接地如何起到保护人身安全的作用？

2-3　人体触电有哪几种类型？哪几种方式？

2-4　发现有人触电，用哪些方法使触电者尽快脱离电源？

2-5　常用的触电现场急救的方法有哪几种？采用人工呼吸时应注意什么？

2-6　胸外心脏按压法在什么情况下使用？试简述其动作要领？

◗项目 3

照明电路安装

 项目描述

　　利用电来发光而作为光源的，称为电气照明。电气照明广泛应用于生产和日常生活中，对电气照明的要求是保证照明设备安全运行，防止触电或火灾事故的发生，提高照明质量，节约用电。照明电路安装与维修是电气技术人员必须掌握的常规技术，室内照明电路要求正规、合理、整齐、牢固和安全，既要掌握照明布线的技术要求，又要掌握室内布线的操作技术。

　　室内电路配线可分为明敷和暗敷两种。明敷：导线沿墙壁、天花板表面、桁梁、屋柱等处敷设。暗敷：导线穿管埋设在墙内、地坪内或顶棚里。一般来说，明配线安装施工和检查维修较方便，但室内美观受影响，人能触摸到的地方不安全；暗配线安装施工要求高，检查和维护较困难。

　　本项目介绍照明电路室内配线常规技术。通过本项目的学习，应能进行室内照明电路的安装与维修，在安装与维修中，应严格按照明电路的技术要求与工艺要求进行安装与维护，保证安装与维修质量，以达到合理与安全用电的要求。

3.1　项目演练　塑料护套线照明电路安装

3.1.1　穿戴与使用绝缘防护用具

　　进入实训室或者工作现场，必须穿工作服（长袖）、戴安全帽。安全帽必须系紧帽带，长袖工作服不得卷袖。进入现场必须穿合格的工作鞋，任何人不得穿高跟鞋、网眼鞋、钉子鞋、凉鞋、拖鞋等进入现场。在有机械转动环境中工作的人员不许戴手套、系领带和围巾。

　　确认工作者戴上安全帽。

　　确认工作者穿上工作鞋。

　　确认工作者紧扣上衣领口、袖。

　　确认人字梯无缺档，中间拉线牢固，梯脚防滑良好。

3.1.2　仪器仪表、工具与材料的领取与检查

1. 所需仪器仪表、工具与材料

　　所需工具：电工常用工具一套。

　　所需场地：室内照明房一间。

　　所需材料：塑料线槽板、单相电能表、断路器、单联单控开关、单联双控开关、单相三

孔插座、螺口平灯座、螺口白炽灯泡、绝缘导线、人字梯等。

照明电路安装所需仪器仪表、工具与材料见表3-1。

表3-1 所需仪器仪表、工具与材料

序号	名 称	型 号	规格与主要参数	数 量	备 注
1	照明房	面积最小5m²		1	
2	单相电能表	DD28	220V、3（5）A	1	
3	照明配电盒	HX50－6FCA	明装	1	
4	单相断路器	DZ47	220V、10A	1	
5	单相漏电断路器	DZ47L	220V、10A	1	
6	单联单控开关		220V、5A	1	
7	单联双控开关		220V、5A	2	
8	单相三孔插座		220V、5A	1	
	螺口平灯座		220V、5A	1	
9	螺口白炽灯泡	PZ220－15	15W	1	
10	成套荧光灯具		15W	1	
11	挂线盒			3	
12	绝缘护套线	BVV－1.0	2×1mm²	若干	
13	绝缘护套线	BVV－1.0	3×1mm²	若干	
14	电工常用工具			1	
15	万用表	MF－500		1	
16	绝缘电阻表	ZC25－3	500V	1	
17	人字梯	9档		1	

2. 检查领到的仪器仪表与工具

1）电工常用工具绝缘护套良好。

2）照明用电器元件外观、绝缘无损坏。

3）万用表各个档位无损坏。

4）绝缘电阻表无损坏。

5）人字梯中间拉绳结实、无缺档。

3.1.3 塑料护套线照明电路安装

图3-1所示是最基本的室内照明电路的电气原理图，照明电路的安装有用电计量的安装、配电开关的安装和照明电器的安装。这些电路安装的基本步骤有画线、定位、安装、接

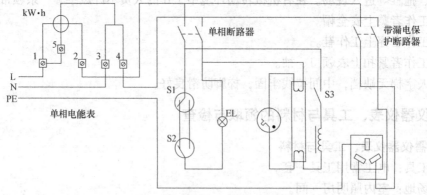

图3-1 室内照明电路电气原理图

线和检查。塑料护套线照明电路的具体安装步骤与方法见表3-2。

表3-2　塑料护套线照明电路具体安装步骤与方法

序号	步　骤	方　法	完成情况
1	画线、定位	1) 画出护套线的走向线，做到横平竖直，与房间的轮廓线平行，最好是沿踢脚线、横梁、墙角等隐蔽处 2) 沿护套线走向间隔距离300mm 左右，标出固定点的位置，固定点如是灰浆墙面，用冲击钻打孔、装塑料胀管	
2	护套线的敷设	护套线应敷设得横平竖直，不松弛，不扭曲，不可损坏护套层，按护套线的布线工艺进行	
3	固定盖板	当线路较长时，不能直接用盖板固定导线，可在槽板内设挂钩，将导线成束捆挂在挂钩上，再盖上盖板	
4	电能表与灯具的固定与安装	1) 单相电能表垂直安装在墙面上，不能倾斜 2) 固定照明配电明装盒，将单相断路开关与带漏电保护的断路器安装在盒内 3) 在墙或天花板上固定安装挂线盒，由木台或预埋的金属构件来固定	
5	接线	1) 电能表接线：电源从1、3 进，从2、4 出，注意电能表的5孔与1孔的连线一定要接牢，否则电能表不能计量 2) 配电盒接线：电源的相线和零线与断路器接线孔连接时，应按断路器上的标识相对应连接 3) 白炽灯接线：螺口灯在接线时，相线应接在与中心簧片相连的接线柱上，不能接在与螺纹相连的接线柱上，防止检修时安全事故的发生 4) 荧光灯接线 5) 开关接线：照明电路安装时，为了安全，相线一定进开关，零线不能进熔断器与开关 6) 单相插座接线：单相插座接线时，应将相线接在右边插孔的接线柱，零线接在左边插孔的接线柱，接地保护线接在上边插孔的接线柱	
6	电路安装质量检查	照明电路安装完毕后，应进行安装质量的检查： 1) 电路外观检查，电能表、电器元件安装牢固，无歪斜松动现象。同一场所开关、插座的高度允许偏差不超过5mm，面板的垂直允许偏差不超过1mm 2) 护套线敷设应横平竖直，转弯处应满足工艺要求，接缝整齐 3) 电路电气性能检查： ① 合上电路上的所有开关，用万用表电阻档检查电路有无开路与短路故障，如有故障，按电路的分支分块检查故障点 ② 当电路无故障时，将电路中所有用电器拆除，合上电路上所有的开关（配电盒开关断开），用绝缘电阻表检测电路的绝缘电阻，电路应无绝缘损坏，绝缘电阻大于0.5MΩ	
7	通电检测	电路经电气检测无故障后，接上所有的用电器，断开所有的开关，接上电源，逐步合上各路电源开关。用电笔检测各电源插座接线是否正确，以及各灯具的性能	

3.1.4 按照现代企业8S管理要求进行工作现场的整理

训练完成后，应及时对工作场地进行卫生清洁，使物品摆放整齐有序，保持现场的整洁、安全，做到标准化管理。

1）整理自己的工作场地，打扫现场卫生。

2）根据任务分工要求，打扫实训场地卫生。

3）根据工作现场要求，归位场地内的设施和设备。

4）拉闸断电，保证实训场地的安全。

3.1.5 仪器仪表、工具与材料的归还

1）归还绝缘电阻表、万用表、电工工具及相关材料。

2）归还人字梯、安全帽、绝缘鞋及相关材料。

3.2 相关知识介绍

3.2.1 照明电路基本知识

1. 电功计量装置

电功计量装置简称量电装置，是通过电能表等电气装置对用户消耗的电能进行计量，即对电能进行累计作为电费的结算依据。

电能表（俗称电度表）用来对用电设备进行电能测量，是组成低压配电盘或配电箱的主要电气设备，它有单相电能表和三相电能表两种。

单相电能表主要由励磁部分、阻尼部分、走字机构和基座等部分组成。励磁部分由电流线圈和电压线圈组成，电流线圈串联在电路中，电压线圈并联在电路中。阻尼部分由永久磁铁组成，用于避免铝盘因惯性作用而越走越快，以及负荷消除后阻止铝盘继续旋转。走字机构由铝盘、轴、齿轮和计数器等组成。基座由底座、罩盖和接线桩等组成。单相电能表的原理图如图3-2所示。

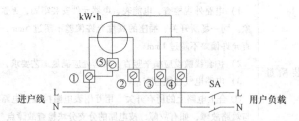

图3-2 单相电能表的原理图

常用单相电能表的接线盒内有四个接线端，从左向右按①、②、③、④编号，接线方法为①、③接进线，②、④接出线（①进相线，②出相线，③进零线，④出零线），单相电能表实物接线图如图3-3所示。

单相电能表一般应安装在配电盘的左边或上方，而开关应安装在右边或下方，安装时应

注意电能表与地面必须垂直，否则将会影响电能表计量的准确性，负荷电流超过电能表的额定电流时应装电流互感器，其实际用电量为电能表读数乘以电流互感器电流比。

2. 照明灯具

常用照明附件包括灯座、开关、插座、挂线盒及木台等器件。

（1）灯座 灯座的种类大致分为插口式和螺旋式两种。灯座外壳分瓷、胶木和金属材料三种。根据不同的应用场合，灯座分平灯座、吊灯座、防水灯座、荧光灯座等。常用灯座如图 3-4 所示。

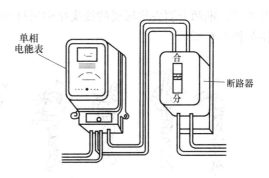

图 3-3 单相电能表实物接线图

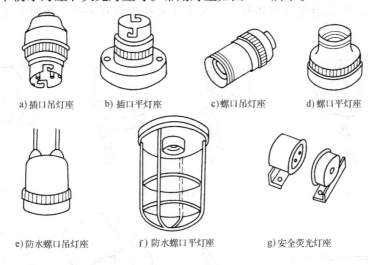

a)插口吊灯座　　b)插口平灯座　　c)螺口吊灯座　　d)螺口平灯座

e)防水螺口吊灯座　　f)防水螺口平灯座　　g)安全荧光灯座

图 3-4 常用灯座

1）平灯座的安装。平灯座应安装在已固定好的木台上。平灯座上有两个接线桩，一个与电源中性线连接，另一个与来自开关的一根线连接（开关控制的是相线）。插口平灯座上的两个接线桩可任意连接上述的两个线头，而对螺口平灯座有严格的规定：必须把来自开关的线头连接在连通中心弹簧片的接线桩上，电源中性线的线头连接在连通螺纹圈的接线桩上，如图 3-5 所示。

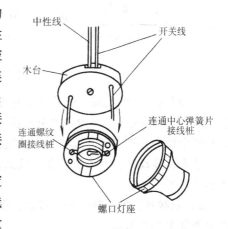

图 3-5 螺口平灯座安装

2）吊灯座的安装。把挂线盒底座安装在已固定好的木台上，再将塑料软线或花线的一端穿入挂线盒罩盖的孔内，并打个结，使其能承受吊灯的重量（采用软导线吊装的吊灯重量应小于 1kg，否则应采用吊链），然后将两个线头的绝缘层剥去，分别穿入挂线盒底座正中凸起部分的两个侧孔里，再分别接到两个接线桩上，安上挂线盒盖。接着将软线的另一端穿入吊灯座盖孔内，也打个结，把两个剥去绝缘层的线头接到吊灯座的两个接线桩上，罩上吊灯座盖。导线打结方法如图3-6所示。

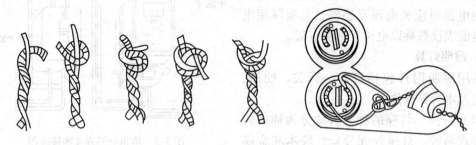

图3-6 接线盒内的导线打结方法

（2）开关 开关的作用是在照明电路中接通或断开照明灯具的器件。按其安装形式分明装式和暗装式，按其结构分单联开关、双联开关和旋转开关等。照明常用开关如图3-7所示。

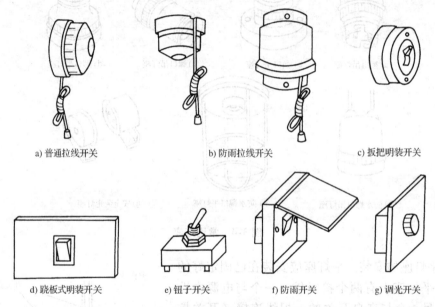

a) 普通拉线开关   b) 防雨拉线开关   c) 扳把明装开关

d) 跷板式明装开关   e) 钮子开关   f) 防雨开关   g) 调光开关

图3-7 照明常用开关

1）单联开关的安装。开关明装时也要装在已固定好的木台上，将穿出木台的两根导线（一根为电源相线，一根为开关引出线）穿入开关的两个孔眼，固定开关，然后把剥去绝缘层的两个线头分别接到开关的两个接线桩上，最后装上开关盖。

注意：接线时，开关应接在相线上，这样在开关断开后，灯头不会带电，从而保证了使用和维修的安全。

2）双联开关的安装。一个双联开关控制一盏灯与使用两个双联开关两地控制一盏灯的电路图如图3-8所示。

双联开关一般用于在两处用两只双联开关控制一盏灯，这种形式通常用于楼上楼下或走廊的两端均可控制照明灯的接通和断开。

双联开关的安装方法与单联开关类似，但其接线较复杂。双联开关有三个接线端，分别

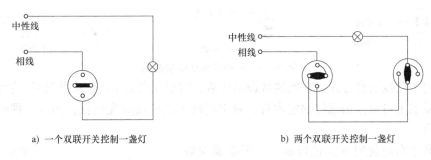

a) 一个双联开关控制一盏灯   b) 两个双联开关控制一盏灯

图 3-8 双联开关控制照明灯电路图

与三根导线相接，注意双联开关中连铜片的接线桩不能接错，一个开关的连铜片接线桩应和电源相线连接，另一个开关的连铜片接线桩与螺口灯座的中心弹簧片接线桩连接。每个开关还有两个接线桩用两根导线分别与另一个开关的两个接线桩连接。待接好线，经仔细检查无误后才能通电使用。

（3）插座　插座的作用是为各种可移动用电器提供电源的器件。按其安装形式可分为明装式和暗装式，按其结构可分为单相双孔插座、带接地线的单相三孔插座及带接地的三相四孔插座等。常用电源插座如图 3-9 所示。

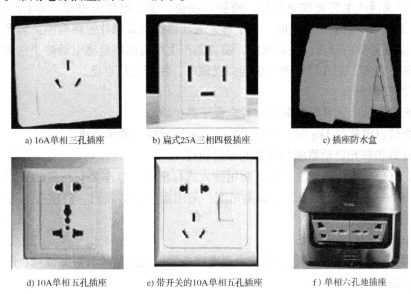

a) 16A单相三孔插座   b) 扁式25A三相四极插座   c) 插座防水盒

d) 10A单相五孔插座   e) 带开关的10A单相五孔插座   f）单相六孔地插座

图 3-9 常用电源插座

插座一般不用开关控制而直接接入电源，插座始终是带电的。插座安装时，双孔插座水平排列时，左孔接零线，右孔接相线（左零右火），垂直排列时，上孔接相线，下孔接零线（上火下零）。三孔插座左孔接零线，右孔接相线，上孔接地线，单相电源插座接线图如图 3-10所示。

（4）挂线盒和木台　挂线盒俗称"先令"，用于悬挂吊灯并起接线盒的作用，制作材料可分为瓷质和塑料。木台用来固定挂线盒、开关、插座等，形状有圆形和方形，材料有木质和塑料。

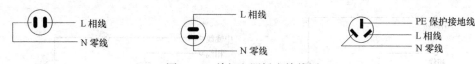

图 3-10　单相电源插座接线图

木台用于明线安装方式。在明线敷设完毕后，需要先安装木台，安装开关、插座、挂线盒。在木质墙上可直接用螺钉固定木台，对于混凝土或砖墙应先钻孔，插入木榫或膨胀管，再固定木台。

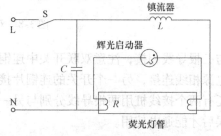

图 3-11　荧光灯电气原理图

在安装木台前先对木台进行加工：根据要安装的开关、插座等的位置和导线敷设的位置，在木台上钻好出线孔、锯好线槽。然后将导线从木台的线槽进入木台，从出线孔穿出（在木台下留出一定长度余量的导线），再用较长的螺钉将木台固定牢固。

（5）荧光灯　荧光灯俗称日光灯，具有发光效率高、寿命长等优点。其电路主要由荧光灯管、辉光启动器、镇流器组成，如图 3-11 所示电路。

当开关 S 闭合接通电源后，电源电压通过灯丝全部加到辉光启动器内的两个双金属触片上，使辉光启动器产生辉光放电发热，两触片接通，于是电流通过镇流器和灯管两端的灯丝，使灯丝加热并发射电子。这时，由于辉光启动器被金属触片短路而停止辉光放电，双金属触片也因温度降低而分开，在此瞬间，镇流器产生相当高的自感电动势，它和电源电压叠加可达到 280V 左右，加在灯管两端引起弧光放电，使荧光灯点亮。

荧光灯的安装要求：

1）荧光灯安装时，其附件装设位置应便于维护检修。

2）荧光灯自重超过 1kg 时，应采用吊链，载流导线不能承受重力。

3）镇流器和辉光启动器应与灯管的容量相符。

4）荧光灯应有专用的配套灯座，采用插入式灯座时，灯座要有一定的压缩弹力，压缩行程不小于 10mm，且有 7°~15°的偏斜角度；采用旋转式灯座时，灯座应具有一定的扭转力矩，以免接触不良。

3. 照明电路的故障与检修

照明电路在安装与使用过程中可能出现电路故障，电路故障有短路故障、断路故障、漏电故障与发热故障。

（1）短路故障　短路可分为相间短路和相对地短路两类，相对地短路又分为相线与中性线间短路和相线与大地间短路两种，照明电路的短路故障如图 3-12 示。

采用绝缘导线的电路，电路本身发生短路的可能性较少，往往由于用电设备、开关装置和保护装置内部发生故障所致。因此，检查和排除短路故障时应先使故障区域内的用电设备脱离电源，试看故障是否能够解除，如果故障依然存在，再逐个检查开关和保护装置。

管线线路和护套线线路如果存在严重过载或漏电等故障，会使导线长期过热并绝缘老化，而引起电路的短路；因外界机械损伤而破坏了导线的绝缘层，也会引起电路的短路。所以，要定期检查导线的绝缘电阻和绝缘层的结构状况，如发现绝缘电阻下降或绝缘层龟裂，应及时更换。

a) 相间短路　　　　　　　b) 相线与中性线短路　　　　　　c) 相线与大地间短路

图 3-12　照明电路的短路故障

（2）断路故障　电路存在断路，电路就无法正常运行。造成断路故障的原因通常有以下几个方面：

1）导线线头连接点松散或脱落。

2）小截面积的导线被动物咬断。

3）导线因受外物撞击或勾拉等机械损伤而断裂。

4）小截面的导线因严重过载或短路而烧断。

5）单股小截面积导线因质量不佳或因安装时受到损伤，其绝缘层内的芯线断裂。

6）活动部分的连接线因机械疲劳而断裂。

断路故障的排除，应根据故障的具体原因，采取相应措施使电路接通。

（3）漏电故障　若电路中有部分绝缘体轻度损坏就会形成不同程度的漏电。漏电分为相间漏电和相地间漏电两类，存在漏电故障时，在不同程度上会反映出耗电量的增加。随着漏电程度的发展，会出现类似过载和短路故障的现象，如熔体经常烧断、保护装置容易动作及导线和设备过热等。引起漏电的主要原因有以下几个方面：

1）电路和设备的绝缘老化或损坏。

2）电路装置安装不符合技术要求。

3）电路和设备因受潮、受热或受化学腐蚀而降低了绝缘性能。

4）修复的绝缘层不符合要求，或修复层的绝缘带松散。

漏电故障应根据上述原因采取相应措施排除，如：更换导线或设备；纠正不符合技术要求的安装形式；排除潮气等。

（4）发热故障　电路导线或连接点的发热故障，其原因通常有以下几个方面：

1）导线规格不符合技术要求，若截面积过小便会出现导线过载发热的现象。

2）用电设备的容量增大而电路导线没有相应地增大截面积。

3）电路、设备和各种装置存在漏电现象。

4）单根载流导线穿过具有环状的磁性金属，如钢管之类等。

5）导线连接点松散，因接触电阻增加而发热。

发热故障的现象比较明显，造成故障的原因也较简单，根据故障原因来采取相应的措施，易于排除。

3.2.2 仪表的使用

1. 万用表的使用

万用表是电工实验室及电气工作人员经常使用的一种多用途、多量程、便携式的仪表。它用来测量直流电流、直流电压、交流电压和电阻等物理量，有的还可以测量交流电流、电感、电容，因此称为万用电表，简称万用表。目前常用的万用表分指针式和数字式两大类，一般测试及电路检查时，使用指针式较方便，在需要测量数据及读数时用数字式较好。图3-13 是 MF9 型指针式万用表的外形结构图。

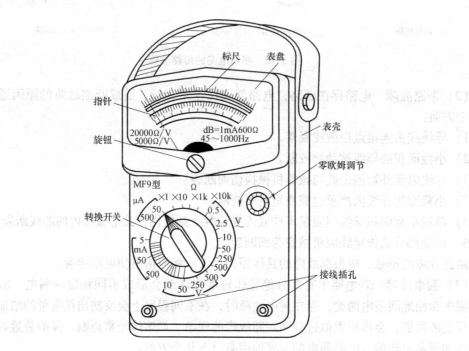

图 3-13 MF9 型指针式万用表的外形结构图

（1）万用表的结构 指针式万用表主要由表头、测量电路、转换开关、调零旋钮以及接线柱（插孔）组成。

表头用以指示被测量的数值。在测量机构的表盘上有对应测量不同物理量所需的多条标度尺，用以直接读出被测量的大小。测量电路的作用是将被测的物理量转换成适合表头工作的直流电流，从而使表头的指针偏转，指示出被测量的数值。

转换开关的作用是用于选择测量电路，以满足不同的物理量和不同的量程的测量需要。目前常用的万用表有 MF9 型及 MF500 型万用表。

（2）在使用指针式万用表时的注意事项

1）正确选择插孔或接线柱。在测量前首先应检查，红色测试棒的接线插头插入红色插孔（接线柱）或标有 " + " 的插孔内，黑色测试棒的接线插头插入黑色插孔或标有 " – " 或 " ∗ " 的插孔内，千万不能插错。

2）机械调零。在测量前先观察万用表指针是否指在零位，若不指零可用螺钉旋具微微转动位于表头面板下方的 "机械零位调节器"，使指针指零。

3）测量前，要根据被测电量的项目和大小，选择转换开关的合适位置。在测量电流或电压时，其量程的选择，应使万用表指针的偏转角在满刻度的 1/2 ~ 2/3 的范围内，这样可得到比较准确的测量结果。如不知被测量的大小，应从大到小选择量程。在进行电流及电压测量时还需注意：

① 不允许在转换开关旋钮置于电流档或电阻档时去测电压，否则会损坏表头。

② 如不知道被测电流及电压的大小，应将转换开关置于电压或电流的最高档位进行预测，然后再选择合适的量程。

4）正确读数。万用表表盘上的多条标度尺代表不同的测量种类，测量时应根据需要选择转换开关所处的种类及量程。在对应的标度尺上读数，并注意所选量程与标度尺读数的倍率关系。

5）电阻的测量。在用万用表进行电阻测量时应先进行机械调零，再选择合适的倍率位置，由于电阻档的标度尺是反方向刻度的，即标度盘的左边为"∞"，右边为"0"，并且刻度不均匀，越往左刻度越密，读数的精确度越差，因此应使指针停留在刻度较稀处读数较准确，通常在标度尺的中间附近为好。

测量电阻前，还应进行欧姆调零，将两个表笔短接，同时调节"欧姆调零旋钮"，使指针刚好指在欧姆刻度线右边的零位。如果指针不能调到零位，说明电池电压不足或仪表内部有问题。注意每换一次倍率，都要再次进行欧姆调零，以保证测量准确。

6）安全操作。在测量时手不能触及被测物金属部分，以保证人身安全及测量的准确性。测量较高电压或较大电流时，不能带电转动转换开关，以保护万用表不受损坏。严禁将转换开关旋钮置于电流档或电阻档上时测量电压。万用表使用完毕后，应将转换开关置于空档上或交流电压最高档。

2. 绝缘电阻表的使用

电气设备绝缘性能的好坏直接关系到电气设备的正常运行及操作人员的人身安全，因此必须定期进行检查。由于这些设备使用的电压都比较高，要求的绝缘电阻数值又比较大，如用万用表测量，由于万用表内的电源电压很低，且高电阻时仪表刻度不准确，所以测量结果往与实际相差很大，因此在工程上不允许用万用表等来测量绝缘电阻，必须采用专门的仪表——绝缘电阻表，绝缘电阻表（习称兆欧表，俗称摇表）是一种用于测量电动机、电气设备、供电电路绝缘电阻的指示仪表，如图 3-14 所示。

a) 手摇式绝缘电阻表　　　　　b) 数字式绝缘电阻表

图 3-14　绝缘电阻表外形图

手摇式绝缘电阻表是早期的一种电阻表，现在出现了更先进的数字式绝缘电阻表。手摇式绝缘电阻表由能产生较高电压的手摇发电机、表头和三个接线柱组成。手摇式绝缘电阻表的额定电压有 250V、500V、1000V、2500V 等几种，在使用手摇式绝缘电阻表进行绝缘电阻测量时应注意以下几点：

1）选用的绝缘电阻表额定电压要与被测电气设备或电路的工作电压相对应。通常遇到的都是线电压为 380V 的设备，因此可选用 500V 的绝缘电阻表。

2）绝缘电阻表接线柱有三个："线（L）"、"地（E）"和"屏（G）"。在测量时，将接线柱"L"与被测物的设备部分相连接；将接地线柱"E"与被测物的外壳相连接；将屏蔽接线柱"G"与被测物上的保护遮蔽环相接。一般测量时只用"L"和"E"两接线柱，"G"接线柱只在被测物表面漏电严重时才使用，图 3-15 所示是绝缘电阻表测量电路、电动机和电缆的绝缘电阻的接线方法。

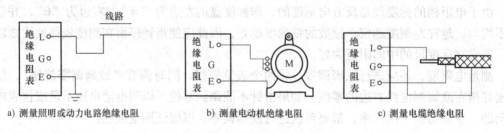

a) 测量照明或动力电路绝缘电阻   b) 测量电动机绝缘电阻   c) 测量电缆绝缘电阻

图 3-15   绝缘电阻表的接线方法

3）手摇式绝缘电阻表在使用前应先作如下检查：先让"L"、"E"开路，摇动绝缘电阻表手柄，使手摇发电机的转速达到额定转速，此时指针应逐步指向"∞"，然后让"L"、"E"两接线柱短接，此时指针应迅速指向"0"，否则绝缘电阻表应进行调整或修理，**注意：在摇动手柄时不得让"L"和"E"短接时间过长，以免损坏绝缘电阻表。**

4）用绝缘电阻表测量绝缘电阻时必须在确认被测物体没有通电的情况下进行。对接有大容量电容的设备，应先进行放电（用带绝缘层的导体将被测物与外壳或地进行短接），然后再进行绝缘电阻测量，测量完毕后，先对被测物体进行放电，然后再停止手柄的摇动。

5）测量时应匀速摇动绝缘电阻表手柄，使转速达到约 120r/min 左右，持续 1min 以后读数。在测量过程中切莫用手去触及绝缘电阻表的"L"、"E"两端，以免造成触电危险。

6）严禁在雷电时或附近有高压导体的设备上测量绝缘电阻。只有在设备不带电又不可能受其他电源感应而带电的情况下才可进行测量。

3.2.3 导线的连接与绝缘恢复

电气装配与维修工程中，导线的连接是最基本工艺之一。导线连接的质量关系着电路和设备运行的可靠性和安全程度。对导线连接的基本要求是：电接触良好，机械强度足够，接头美观，且绝缘恢复正常。

1. 导线线头绝缘层的剖削

（1）塑料硬线绝缘层的剖削   用剥线钳去除塑料硬线的绝缘层最为方便，当没有剥线钳时，可用钢丝钳和电工刀剖削。

线芯截面积在 2.5mm^2 及以下的塑料硬线，可用钢丝钳剖削。首先在线头所需长度交界处，用钢丝钳口轻轻切破绝缘层表皮，然后左手拉紧导线，右手适当用力捏住钢丝钳头部，向外用力勒去绝缘层，如图 3-16 所示。在勒去绝缘层时，不可在钳口处加剪切力，这样会伤及线芯，甚至将导线剪断。

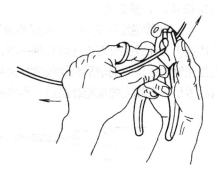

对于截面积大于 4mm² 的塑料硬线的绝缘层，直接用钢丝钳剖削较为困难，可用电工刀剖削，如图 3-17a 所示。先根据线头所需长度，用电工刀刀口对导线成 45°角切入塑料绝缘层，注意掌握刀口刚好割透绝缘层而不伤及线芯，如图 3-17b 所示；然后调整刀

图 3-16　钢丝钳去除塑料

口与导线间绝缘层的角度，以 15°角向前推进，将绝缘层削出一个缺口，如图 3-17c 所示，接着将需剖去的绝缘层向后扳翻，再用电工刀切齐，如图 3-17d 所示。

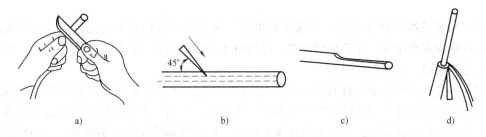

| a) | b) | c) | d) |

图 3-17　用电工刀剖削塑料硬线

（2）塑料软绝缘层的剖削　塑料软绝缘层的剖削除用剥线钳外，仍可用钢丝钳直接剖削线芯截面积在 2.5mm² 及以下的塑料硬线的方法进行，但不能用电工刀剖削。因塑料软线太软，线芯又由多股铜丝组成，用电工刀很容易伤及线芯。

（3）塑料护套线绝缘层的剖削　塑料护套线绝缘层分为外层的公共护套层和内部每根线芯的绝缘层。公共护套层一般用电工刀剖削，先按线头所需长度，将刀尖对准两股线芯的中缝划开护套层，并将护套层向后扳翻，然后用电工刀齐根切去，如图 3-18 所示。

切去护套层后，露出的每根线芯绝缘层可用钢丝钳或电工刀按照剖削塑料硬线绝缘层的方法分别除去。钢丝钳或电工刀在切入时切口应离护套层 5～10mm。

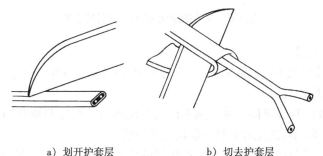

a）划开护套层　　　　b）切去护套层

图 3-18　塑料护套线的剖削

（4）橡皮线绝缘层的剖削　橡皮线绝缘层外面有一层柔韧的纤维编织保护层，先用剖削护套线护套层的办法，用电工刀尖划开纤维编织层，并将其扳翻后齐根切去，再用剖削塑料硬线绝缘层的方法，除去橡皮绝缘层。如橡皮绝缘层内的线芯上还包缠着棉纱，可将该棉

纱层松开，齐根切去。

（5）花线绝缘层的剖削　花线绝缘层分外层和内层，外层是一层柔韧的棉纱编织层。剖削时先用电工刀在线头所需长度处切割一圈，拉去外层棉纱编织层，然后在距离棉纱编织层10mm左右处用钢丝钳按照剖削塑料软线的方法将内层的橡皮绝缘层勒去。有的花线在紧贴线芯处还包缠有棉纱层，在勒去橡皮绝缘层后，再将棉纱层松开，用电工刀齐根切去，如图3-19所示。

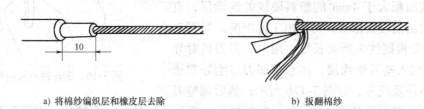

a) 将棉纱编织层和橡皮层去除　　　　b) 扳翻棉纱

图3-19　花线绝缘层的剖削

（6）橡套软线（橡套电缆）绝缘层的剖削　橡套软线外包有护套层，内部每根线芯上又有各自的橡皮绝缘层。外护套层较厚，可用电工刀按切除塑料护套层的方法切除，露出的多股线芯绝缘层，可用钢丝钳勒去。

（7）铅包线护套层和绝缘层的剖削　铅包线绝缘层分为外部铅包护套层和内部线芯绝缘层。剖削时先用电工刀在铅包护套层切下一个刀痕，然后上下左右扳动折弯这个刀痕，使铅包护套层从切口处折断，并将它从线头上拉掉。内部线芯绝缘层的剖除方法与塑料硬线绝缘层的剖削法相同。剖削铅包线护套层和绝缘层的操作过程如图3-20所示。

a) 剖切铅包护套层　　　　b) 折扳和拉出铅包护套层　　　　c) 剖切线芯绝缘层

图3-20　铅包线护套层和绝缘层的剖削

2. 导线线头的连接

常用导线按芯线股数不同，分为单股、7股和19股等多种规格，其连接方法也各不相同。

（1）铜芯导线的连接

1）单股铜芯线的直线连接。单股铜芯线的直线连接有绞接和缠绕两种方法，绞接法用于截面积较小的导线，缠绕法用于截面积较大的导线。

绞接法是先将已剖除绝缘层并去掉氧化层的两根线头呈"X"形相交，如图3-21a所示，并互相绞合2~3圈，如图3-21b所示，接着扳直两个线头的自由端，将每根线自由端在对边的线芯上紧密缠绕到线芯直径的6~8倍长，如图3-21c所示。将多余的线头剪去，修理好切口毛刺即可。

缠绕法是将已去除绝缘层和氧化层的线头相对交叠，再用直径为1.6mm的裸铜线做缠

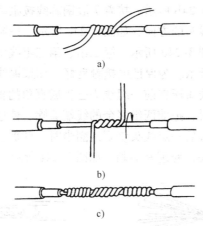

图 3-21 单股芯线绞接

绕线在其上进行缠绕，如图 3-22 所示，其中线头直径在 5mm 及以下的缠绕长度为 60mm。若直径大于 5mm 的，缠绕长度为 90mm。

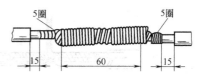

图 3-22 导线的缠绕法连接

2）单股铜芯线的 T 形连接。单股铜芯线 T 形连接时仍可用绞接法和缠绕法。

绞接法是先将除去绝缘层和氧化层的线头与干线剖削处的芯线十字相交，注意在支路芯线根部留出 10mm 裸线，接着顺时针方向将支路芯线在干路芯线上紧密缠绕 5 圈，如图 3-23a 所示。剪去多余线头，修整好毛刺。

对用绞接法连接较困难的截面积较大的导线，可用缠绕法。其具体方法与单股芯线直连的缠绕法相同，参照图 3-22。

对于截面积较小的单股铜芯线，可用图 3-23b 所示的方法完成 T 形连接，先把支路芯线线头与干路芯线十字相交，仍在支路芯线根部留出 10mm 裸线，把支路芯线在干线上缠绕成结状，再把支路芯线拉紧扳直并紧密缠绕 6 ~ 8 圈在干路芯线上。为保证接头部位有良好的电接触和足够的机械强度，应保证缠绕长度为芯线直径的 8 ~ 10 倍。

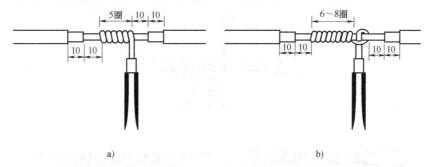

图 3-23 单股铜芯线的 T 形连接

3）7 股铜芯线的直线连接。把除去绝缘层和氧化层的芯线线头分成单股散开并拉直，在线头总长的 1/3 处（离根部距离）顺着原来的扭转方向将其绞紧，余下的 2/3 长度的线头分散成伞形，如图 3-24a 所示。将两股伞形线头相对，隔股交叉直至伞形根部相接，然后捏平两边散开的线头，如图 3-24b 所示。接着 7 股铜芯线按根数 2、2、3 分成三组，先将第一组的两根芯线扳到垂直于线头的方向，如图 3-24c 所示。按顺时针方向缠绕两圈，再弯下扳成直角使其紧贴芯线，如图 3-24d 所示。第二组、第三组线头仍按第一组的缠绕办法紧密缠绕在芯线上，如图 3-24e 所示。为保证电接触良好，如果铜线较粗较硬，可用钢丝钳将其绕紧。缠绕时注意使后一组线头压在前一组线头已折成直角的根部。最后一组线头应在芯线上缠绕三圈，在缠到第三圈时，把前两组多余的线端剪除，使这两组线头断面能被最后一组第三圈缠绕完的线匝遮住。最后一组线头绕到两圈半时，就剪去多余部分，使其刚好能缠满三圈，最后用钢丝钳剪平线头，修理好毛刺，如图 3-24f 所示。

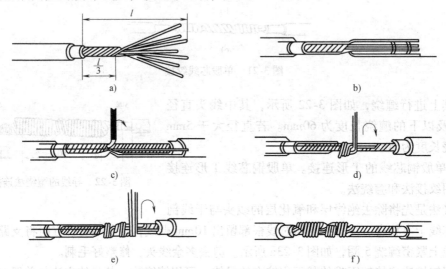

图 3-24　7 股铜芯线的直线连接

4）7 股铜芯线的 T 形连接。把除去绝缘层和氧化层的支路线端分散拉直，在根部将其进一步绞紧，将支路芯线按 3 和 4 的根数分成两组并整齐排列。接着用一字形螺钉旋具把干线也分成尽可能对等的两组，并在分出的中缝处撬开一定距离，将支路芯线的一组放在干路芯线前面，另一组穿过干线的中缝，如图 3-25a 所示；先将前面一组支路芯线在干线上按顺时针方向

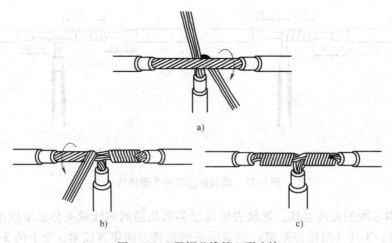

图 3-25　7 股铜芯线的 T 形连接

缠绕 3~4 圈，剪除多余线头，修整好毛刺，如图 3-25b 所示；接着将穿越干线的一组支路芯线在干线上按逆时针方向缠绕 3~4 圈，剪去多余线头，钳平毛刺即可，如图 3-25c 所示。

（2）铝芯导线的连接 铝的表面极易氧化，而且这类氧化铝膜电阻率高，除小截面积铝芯线外，其余铝芯导线的连接都不采用铜芯线的连接方法。铝芯导线应采用螺栓压接和压接管压接的方法。螺栓压接法如图 3-26 所示。此法适用于小负荷的铝芯线的连接。

螺栓压接法适用于小负荷的铝芯线的连接。将剥除绝缘层的铝芯线头用钢丝刷或电工刀去除氧化层，涂上中性凡士林后，将线头伸入接头的线孔内，再旋转压线螺栓压接。线路上导线与开关、灯头、熔断器、仪表、瓷接头和端子板的连接，多用螺栓压接，如图 3-26 所示。单股小截面积铜导线在电器和端子板上的连接亦可采用此法。如果有两个（或两个以上）线头要接在一个接线板上时，应事先将这几根线头扭作一股，再进行压接，如果直接扭绞的强度不够，还可在扭绞的线头处用小股导线缠绕后再插入接线孔压接。

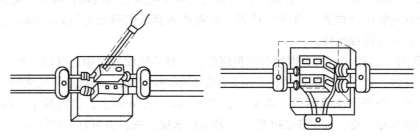

图 3-26 铝芯导线螺栓压接法

压接管压接法连接适用于较大负荷的多股铝芯导线的连接（也适用于铜芯导线的连接），如图 3-27 所示。压接时应根据铝芯线的规格选择合适的铝压接管。先清理干净压接处，将两根芯线相对穿入压接管，使两线端伸出压接管 30mm 左右，然后用压接钳压接。如果压接的是钢芯铝绞线，应在两根芯线之间垫上一层铝质垫片。压接钳在压接管上的压坑数目要视不同情况而定，室内线头通常为 4 个；对于室外铝绞线，截面积为 16~35mm^2 的压坑数目为 6 个，50~70mm^2 的为 10 个；对于钢芯铝绞线，16mm^2 的为 12 个，25~35mm^2 的为 14 个，50~70mm^2 的为 16 个，95mm^2 的为 20 个，125~150mm^2 的为 24 个。

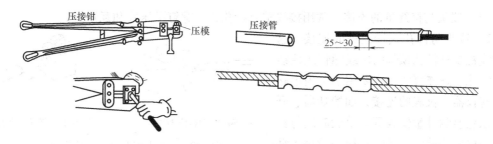

图 3-27 压接管压接法

（3）电磁线头的连接 电动机和变压器绕组用电磁线绕制，无论是重绕或维修，都要进行导线的连接，这种连接可能在线圈内部进行，也可能在线圈外部进行。前者是在导线长度不够或断裂时用，后者则是在连接线圈出线端时用。

1）线圈内部的连接。对直径在 2mm 以下的圆铜线，通常是先绞接后焊接。绞接时要均匀,两根线头互绕不少于10圈,两端要封口,不能留下毛刺,截面积较小的漆包线的绞接如图3-28a所示,截面积较大的漆包线的绞接如图3-28b所示。

a) 较小截面积线的绞接   b) 较大截面积线的绞接   c) 接头的连接套管

图3-28 线圈内部端头的连接

直径大于2mm的漆包圆铜线的连接多使用套管套接后再钎焊的方法。套管用镀锡的薄铜片卷成,在接缝处留有缝隙,选用时注意套管内径与线头大小应配合,其长度为导线直径的8倍左右,如图3-28c所示。连接时,将两根去除了绝缘层的线端相对插入套管,使两线头端部对接在套管中间位置,再进行钎焊,使锡液从套管侧缝充分浸入内部,注满各处缝隙,将线头和导管铸成整体。

2)线圈外部的连接。这类连接有两种情况:一种是线圈间的串、并联,Y、△联结等。对小截面积导线,这类线头的连接仍采用先绞接后钎焊的办法,对截面积较大的导线,可用乙炔气焊;另一种是制作线圈引出端头,如图3-29a、b、c所示,接线端子(接线耳)与线头之间用压接钳压接,如图3-29d所示。若不用压接方法,也可直接钎焊接。

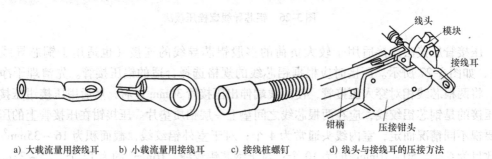

a) 大载流量用接线耳   b) 小载流量用接线耳   c) 接线桩螺钉   d) 线头与接线耳的压接方法

图3-29 接线耳与接线桩螺钉

(4)线头与接线桩的连接 常用接线桩有针孔式、螺钉平压式和瓦形式。

1)线头与针孔式接线桩的连接。这种接线桩是靠针孔顶部的压线螺钉压住线头来完成电路连接的,主要用于室内电路中某些仪器、仪表的连接,如熔断器、开关和某些监测计量仪表等。单股芯线与针孔式接线桩连接时,芯线直径一般小于针孔,最好将线头折成双股并排插入针孔

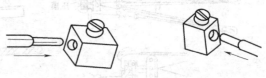

a) 芯线折成双股进行连接   b) 单股芯线插入连接

图3-30 单股芯线与针孔式接线桩连接

内,使压接螺钉顶紧双股芯线中间,如图3-30a所示。若芯线较粗也可用单股,但应将芯线线头向针孔上方微折一下,使压接更加牢固,如图3-30b所示。

多股芯线的连接方法如图3-31所示。将芯线线头绞紧,注意线径与针孔的配合。若线径与针孔相宜,可直接压接,如图3-31a所示。但在一些特殊场合应做压扣处理。以7股芯

线为例，绝缘层应多剥去一些，芯线线头在绞紧前分三级剪除，2 股剪的最短；4 股稍长，长出单股芯线直径的 4 倍；最后 1 股应保留能在 4 股芯线上缠绕两圈的长度。然后将其多股线头绞紧，并将最长 1 股绕在端头上形成"压扣"，最后再进行压接。

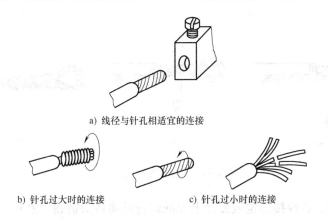

a）线径与针孔相适宜的连接

b）针孔过大时的连接   c）针孔过小时的连接

图 3-31   多股芯线与针孔式接线桩连接

若针孔过大，可用一单股芯线在端头上密绕一层，以增大端头直径，如图 3-31b 所示。

若针孔过小，可剪去芯线线头中间几股。一般 7 股芯线剪去 1~2 股；19 股芯线剪去 2~7 股，如图 3-31c 所示，但一般应尽量避免这种情况。

2）线头与螺钉平压式接线桩的连接。载流量较小的单股芯线压接时，应将线头制成压接圈，压接前需清除连接部位的污垢，将压接圈套入压接螺钉，放上垫圈后，拧紧螺钉将其压牢。在制作压接圈时必须按顺时针方向弯转，而不能逆时针弯转，如图 3-32 所示。

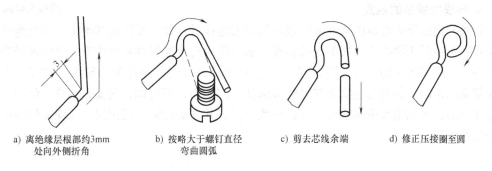

a）离绝缘层根部约3mm   b）按略大于螺钉直径   c）剪去芯线余端   d）修正压接圈至圆
处向外侧折角   弯曲圆弧

图 3-32   单股芯线压接圈的做法

截面积不超过 10mm² 的 7 股及 7 股以下的芯线压接时也可制成压接圈，如图 3-33 所示。先将线头靠近绝缘层的 1/2 段绞紧，再将绞紧部分的 1/3 处定为圆圈根部，并制成圆圈，如图 3-33a、b 所示；然后把松散的 1/2 部分按 2、2、3 分成 3 组，按 7 股芯线直线对接的方法加工处理，如图 3-33c、d、e 所示。压接圈制成后即可按单股芯线压接方式压接。

（5）导线的封端连接   导线在与用电设备连接时，必须对其端头进行技术处理。对于截面积大于 10mm² 的多股铜芯导线和铝芯导线，必须在端头做好接线端子，然后才能与设备连接，这一项工作称为导线的封端连接。

铜导线封端方法常用锡焊法或压接法。焊接法是清除导线端头与接线端子（接线耳）

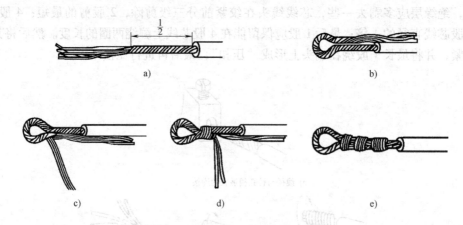

图 3-33　7 股导线压接圈弯法

内壁的氧化层污物，在焊接部位表面涂上无酸焊膏并将线头镀锡，然后将少量焊锡放入接线端子（接线耳）线孔内，用酒精喷灯加热使焊锡熔化，再把镀锡线头插入线孔内继续加热，使锡液充满线孔并完全浸入导线缝中方可停止。另外，还可以采用压接法，即将导线端头插入接线端子（接线耳）内，用压接钳进行压接。

　　由于铝导线表面极易氧化，用锡焊法比较困难，通常都用压接法封端。压接前除了清除线头表面及接线端子线孔内表面的氧化层及污物外，还应分别在两者接触面涂以中性凡士林，再将线头插入线孔，用压接钳进行压接，已压接完工的铝芯导线线头封端如图 3-34 所示。

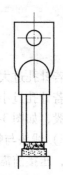

图 3-34　铝芯导线线头封端

3. 导线绝缘层的恢复

　　导线的绝缘层因外界因素而破损或导线在做连接后，都必须恢复其绝缘。恢复绝缘后的绝缘强度不应低于原有绝缘层的绝缘强度。通常使用的绝缘材料有黄蜡带、涤纶薄膜带和黑胶带等。绝缘带包缠的方法如图 3-35 所示。做绝缘恢复时，绝缘带的起点应与线芯有两倍绝缘带宽的距离。包缠时绝缘带与导线应保持一定倾角，即每圈压带宽的 1/2。包缠完第一层绝缘带后，要从绝缘带尾端再反方向包缠一层，其方法与第一层相同，以保证绝缘层恢复后的绝缘性能。

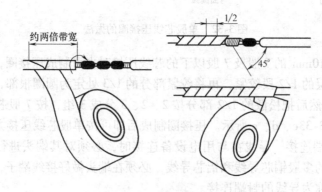

图 3-35　绝缘带包缠的方法

3.2.4 导线和熔断器的选择

1. 导线的选择

（1）线芯材料的选择 作为线芯的金属材料，必须同时具备以下特点：电阻率较低；有足够的机械强度；在一般情况下有较好的耐腐蚀性；容易进行各种形式的机械加工，价格较便宜。铜和铝基本符合这些特点，因此，常用铜或铝作导线的线芯。当然，在某些特殊场合，需要用其他金属作导电材料。铜导线的电阻率比铝导线小，焊接性能和机械强度比铝导线好，因此它常用于要求较高的场合。铝导线密度比铜导线小，而且资源丰富，价格比铜低廉。目前铝导线的使用也比较普遍。

（2）导线截面积的选择 选择导线，一般考虑三个因素：长期工作时的允许电流、机械强度和电压损失。

1）根据长期工作时的允许电流选择导线截面积。由于导线存在电阻，当电流通过导线时导线会发热，如果发热超过一定限度时，其绝缘物会老化、损坏，甚至发生电气火灾。所以，根据导线敷设方式不同、环境温度不同，导线允许的载流量也不同。通常把允许通过的最大电流值称为安全载流量。在选择导线时，可依据用电负荷，参照导线的规格型号及敷设方式来选择导线截面积，表3-3是一般用电设备负载电流计算表。

表3-3 负载电流计算表

负载类型	功率因数	计 算 公 式	每千瓦电流量/A
电灯、电阻	1	单相：$I_P = P/U_P$	4.5
		三相：$I_L = P/\sqrt{3}\,U_L$	1.5
荧光灯	0.5	单相：$I_P = P/(U_P \times 0.5)$	9
		三相：$I_L = P/(\sqrt{3}\,U_L \times 0.5)$	3
单相电动机	0.75	$I_P = P/[U_P \times 0.75 \times 0.75（效率）]$	8
三相电动机	0.85	$I_L = P/[\sqrt{3}\,U_L \times 0.85 \times 0.85（效率）]$	2

注：公式中，I_P、U_P为相电流、相电压；I_L、U_L为线电流、线电压。

2）根据机械强度选择导线。导线安装后和运行中，要受到外力的影响。导线本身自重和不同的敷设方式使导线受到不同的张力，如果导线不能承受张力作用，会造成断线事故。在选择导线时必须考虑导线截面积。

3）根据电压损失选择导线截面积。

① 住宅用户，由变压器二次侧至电路末端，电压损失应小于6%。

② 电动机在正常情况下，电动机端电压与其额定电压不得相差±5%。

按照以上条件选择导线截面积，在同样负载电流下可能得出不同截面积数据。此时，应选择其中最大的截面积。

2. 熔断器的选择

在电路运行中，会因各种原因使电路出现短路或严重过载，除了可使用断路器的短路保护功能外，通常都使用熔断器进行电路的短路保护。

（1）熔断器的结构和工作原理 熔断器的结构一般分成熔体座和熔体等部分。熔断器串联连接在被保护电路中，当电路电流超过一定值时，熔体因发热而熔断，使电路被切断，从而起到保护作用。熔体的热量与通过熔体电流的平方及持续通电时间成正比，当电路短路时，电流很大，熔体急剧升温，立即熔断，当电路中电流值等于熔体额定电流时，熔体不会熔断。所以熔断器可用于短路保护。由于熔体在用电设备过载时所通过的过载电流能积累热量，当用电设备连续过载一定时间后，熔体积累的热量也能使其熔断，所以熔断器也可用于过载保护。

（2）熔断器的分类　熔断器主要分为：瓷插式、螺旋式、管式、盒式和羊角式熔断器等多种形式。常用的几种熔断器如图3-36所示。

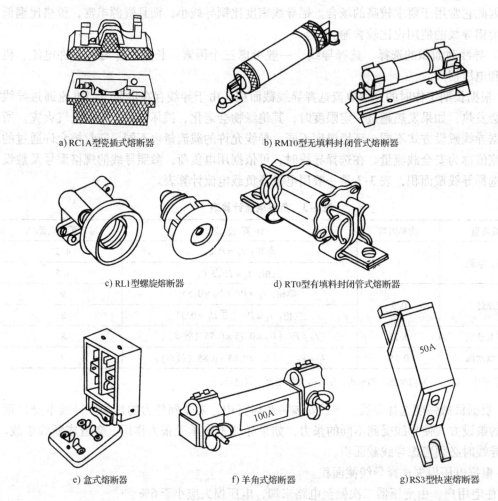

a) RC1A型瓷插式熔断器　　　b) RM10型无填料封闭管式熔断器

c) RL1型螺旋熔断器　　　　d) RT0型有填料封闭管式熔断器

e) 盒式熔断器　　　f) 羊角式熔断器　　　g) RS3型快速熔断器

图3-36　常用的几种熔断器

一般熔断器型号及含义如下：

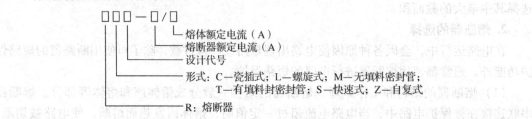

　　　　　□□□－□/□
　　　　　　　　　　└─熔体额定电流（A）
　　　　　　　　　└──熔断器额定电流（A）
　　　　　　　　└───设计代号
　　　　　　　└────形式：C—瓷插式；L—螺旋式；M—无填料密封管；
　　　　　　　　　　　　　T—有填料封密封管；S—快速式；Z—自复式
　　　　　　└─────R：熔断器

如型号 RC1A – 15/10 表示：熔断器，瓷插式，设计代号为 1A，熔断器额定电流 15A，熔体额定电流 10A。

（3）常用熔断器的特点及用途

1）RC1A 系列瓷插式熔断器。RC1A 系列熔断器结构简单，由熔断器瓷底座和瓷盖两部分组成。熔丝用螺钉固定在瓷盖内的铜闸片上，使用时将瓷盖插入底座，拔下瓷盖便可更换熔丝。由于该熔断器使用方便、价格低廉，所以应用广泛。RC1A 系列熔断器主要用于交流 380V 及以下的电路末端作电路和用电设备的短路保护，在照明电路中还可起过载保护作用。RC1A 系列熔断器额定电流为 5 ~ 200A，但极限分断能力较差，由于该熔断器为半封闭结构，熔丝熔断时有声光现象，对易燃易爆的工作场合应禁止使用。

2）RL1 系列螺旋式熔断器。RL1 系列螺旋式熔断器由瓷帽、瓷套、熔管和底座等组成。熔管内装有石英沙、熔丝和带小红点的熔断指示器。当从瓷帽玻璃窗口观测到带小红点的熔断指示器自动脱落时，表示熔丝熔断。熔管的额定电压为交流 500V，额定电流为 2 ~ 200A。

3）RM10 系列无填料密封管式熔断器。RM10 系列熔断器比较简单，由熔断管、熔体及插座组成。熔断管为钢纸制成，两端为黄铜制成的可拆式管帽，管内熔体为变截面积的熔片，更换熔体较方便。RM10 系列熔断器的极限分断能力比 RC1A 系列熔断器有所提高，适用于小容量配电设备。

4）RT0 系列有填料密封管式熔断器。RT0 系列熔断器有一个白瓷质的熔断管，基本结构与 RM10 熔断器类似，但管内充填石英沙，石英沙在熔体熔断时起灭弧作用，在熔断管的一端还设有熔断指示器。该熔断器的分断能力比同容量的 RM10 型大 2.5 ~ 4 倍。RT0 系列熔断器适用于交流 380V 及以下、短路电流大的配电装置中，作为电路及电气设备的短路保护及过载保护。

5）快速熔断器。电力半导体器件的过载能力很差，采用熔断器保护时，要求过载或短路时必须快速熔断，一般在 6 倍额定电流时，熔断时间不大于 20ms。快速熔断器主要有 RS0、RS3 系列，其外形与 RT0 系列相似，熔断管内有石英填料；熔体也采用变截面积形状，但使用导热性能强、热容量小的银片，熔化速度快。

（4）熔断器的选用　对熔断器有以下要求：在电气设备正常运行时，熔断器不应熔断；在出现短路时，应立即熔断；在电流发生正常变动（如电动机起动过程）时，熔断器不应熔断；在用电设备持续过载时，应延时熔断。对熔断器的选用主要包括对类型的选择和熔体额定电流的确定。

1）熔断器的额定电压要大于或等于电路的额定电压。

2）熔断器的额定电流要依据负载情况而选择：

① 电阻性负载或照明电路。这类负载起动过程很短，运行电流较平稳，一般按负载额定电流的 1 ~ 1.1 倍选用熔体的额定电流，进而选定熔断器的额定电流。

② 电动机等感性负载。这类负载的起动电流为额定电流的 4 ~ 7 倍，一般选择熔体的额定电流为电动机额定电流的 1.5 ~ 2.5 倍。这样一般来说，熔断器难以起到过载保护作用，而只能用作短路保护，过载保护需使用热继电器实行。对于多台电动机，要求

$$I_{nR} \geqslant (1.5 ~ 2.5)I_{nM} + \sum_{n}^{n-1} I_n$$

式中，I_{nR} 为熔体额定电流（A）；I_{nM} 为最大一台电动机的额定电流（A）；$\sum\limits^{n-1} I_n$ 为其他各台电动机的额定电流之和（A）。

③ 硅整流装置。一般选用快速熔断器保护，要根据熔断器在电路中的位置（如交流侧还是直流侧）及电路形式（半波或全波整流，单相或三相桥式等）选用熔断器。

3）注意事项：

① 熔断器极限分断电流应大于电路可能出现的最大故障电流。在多级保护的场合，上级熔断器的额定电流等级以大于下级熔断器的额定电流等级两级为宜。

② 熔体的额定电流不得超过熔断器的额定电流。

③ 熔体熔断后，应分析原因，排除故障后，再更换新的熔体。在更换新的熔体时，不能轻易改变熔体的规格，更不准使用铜丝或铁丝代替熔体。

④ 必须在不带电的条件下更换熔体。管式熔断器的熔体应该用专用的绝缘插拔器进行更换。

3.2.5 电工通用工具

电工通用工具是指一般专业电工经常使用的工具。电工工具的质量好坏、使用正确与否，都将影响施工质量和工作效率，影响电工工具的使用寿命和操作人员的安全，因此电气操作人员必须要了解电工通用工具的结构、性能以及正确的使用方法。

1. 电工刀

电工刀是用来剖削导线绝缘层，切割电工器材，削制木榫的常用电工工具，如图 3-37 所示。

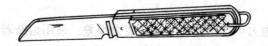

图 3-37　电工刀

电工刀按结构分有普通式和三用式两种。普通式电工刀有大号和小号两种规格；三用式电工刀除刀片外还增加了锯片和锥子，锯片可锯割电线槽板、塑料管和小木桩，锥子可钻木螺钉的定位底孔。

使用电工刀时，应将刀口朝外，一般是左手持导线，右手握刀柄，如图 3-38 所示。刀片与导线成较小锐角，否则会割伤导线，如图 3-39 所示；电工刀刀柄是不绝缘的，不能在带电导线上进行操作，以免发生触电事故。电工刀使用完毕后，应将刀片折入刀柄内。

图 3-38　电工刀握法

正确剖法　错误剖法

图 3-39　电工刀剖削导线绝缘的方法

2. 电工钳

（1）钢丝钳　钢丝钳又称克丝钳、老虎钳，是钳夹和剪切工具，由钳头和钳柄两部分组成，如图 3-40 所示。电工用的钢丝钳钳柄上套有耐压为 500V 以上的绝缘套管。钢丝钳的钳头功能较多，钳口用来弯绞或钳夹导线线头，如图 3-41 所示；齿口用来紧固或起松螺母，如图 3-42 所示；刀口用来剪切导线或剖切导线绝缘层，如图 3-43 所示；铡口用来铡切导线线芯、钢丝或铁丝等较硬金属，如图 3-44 所示。钢丝钳常用的有 150mm、175mm 和 200mm 三种规格。

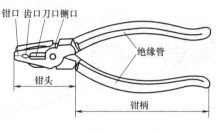

图 3-40　钢丝钳结构

图 3-41　钢丝钳弯绞导线

图 3-42　钢丝钳紧固螺母

图 3-43　钢丝钳剪切导线

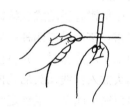

图 3-44　钢丝钳铡切钢丝

使用钢丝钳应注意的事项：

1）使用前应检查绝缘柄是否完好，以防带电作业时触电。

2）当剪切带电导线时，绝不可同时剪切相线和零线或两根相线，以防发生短路事故。

3）要保持钢丝钳的清洁，钳头应防锈，钳轴要经常加机油润滑，以保证使用灵活。

4）钢丝钳不可代替锤子作为敲打工具使用，以免损坏钳头，影响使用寿命。

5）使用钢丝钳应注意保护钳口的完整和硬度，因此，不要用它来夹持灼热的物体，以免"退火"。

6）为了保护刃口，一般不用来剪切钢丝，必要时只能剪切截面积为 1mm² 以下的钢丝。

（2）尖嘴钳　尖嘴钳的头部细，又称尖头钳，适用于在狭小的工作空间操作，电工用的尖嘴钳柄上套有耐压为 500V 以上的绝缘套管，其结构如图 3-45 所示。

尖嘴钳是用来夹持较小螺钉、垫圈、导线等元件的；刀口能剪断细小导线或金属丝；在装接电气控制电路板时，可将单股导线弯成一定圆弧的接线鼻。常用的有 130mm、160mm、180mm 和 200mm 四种规格。使用尖嘴钳应注意的事项与钢丝钳相同。

（3）剥线钳　剥线钳是用来剥削截面积为 6mm² 以下的塑料或橡皮电线端部的表面绝缘层的。

剥线钳由切口、压线口和钳柄组成，钳柄上套有耐压为500V以上的绝缘管，其结构如图3-46所示。剥线钳的切口分为0.5~3mm的多个直径切口，用于不同规格的导线剥削。使用时先选定好被剥除的导线绝缘层的长度，然后将导线放入大于其线芯直径的切口上，用手将钳柄一握，导线的绝缘层即被割断自动弹出。切不可将大直径的导线放入小直径的切口，以免切伤线芯或损坏剥线钳，也不可将其当做剪丝钳用。用完后要经常在它的机械运动部分滴入适量的润滑油。

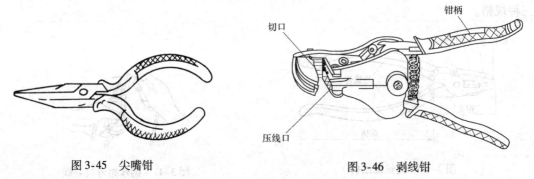

图3-45 尖嘴钳   图3-46 剥线钳

（4）压接钳 压接钳又称压线钳，是用来压接导线线头与接线端头可靠连接的一种冷压模工具。

压接钳有手动式压接钳、气动式压接钳和油压式压接钳，图3-47a是YJQ-P2型手动压接钳。该产品有四种压接钳口腔，可压接截面积为0.75~8mm²等多种规格导线与冷压端头的压接。操作时，先将接线端头预压在钳口腔内（如图3-47b所示），将剥去绝缘层的导线端头插入接线端头的孔内，并使被压裸线的长度超过压痕的长度，然后将手柄压合到底，使钳口完全闭合，当锁定装置中的棘爪与齿条失去啮合时，就会听到"嗒"的一声，即为压接完成，此时钳口便能自由张开。

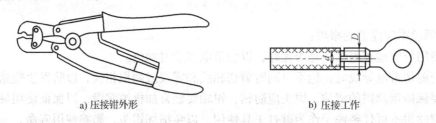

a) 压接钳外形   b) 压接工作

图3-47 YJQ-P2型手动压接钳

使用压接钳注意事项：
1）压接时钳口、导线和冷压端头的规格必须相配。
2）压接钳的使用必须严格按照其使用说明正确操作。
3）压接时必须使端头的焊缝对准钳口凹模。
4）压接时必须在压接钳全部闭合后才能打开钳口。

3. 螺钉旋具

螺钉旋具俗称螺丝刀、起子、改锥，是电工最常用的基本工具之一，用来拆卸、紧固螺钉。

螺钉旋具的规格按其性质分有非磁性材料和磁性材料两种；按头部形状分有一字形和十

字形两种，其结构如图 3-48 所示；按握柄材料分有木柄、塑柄和胶柄三种。一字形螺钉旋具常用的有 50mm、75mm、100mm、150mm 和 200mm 等规格。十字形螺钉旋具有Ⅰ、Ⅱ、Ⅲ和Ⅳ四种规格，Ⅰ号适用于直径为 2 ~ 2.5mm 的螺钉；Ⅱ号适用于直径为 3 ~ 5mm 的螺钉；Ⅲ号适用于直径为 6 ~ 8mm 的螺钉；Ⅳ号适用于直径为 10 ~ 12mm 的螺钉。

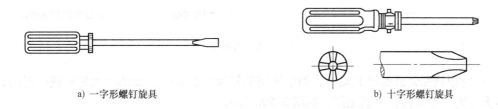

a) 一字形螺钉旋具   b) 十字形螺钉旋具

图 3-48 螺钉旋具

使用螺钉旋具的注意事项：

1）螺钉旋具拆卸和紧固带电的螺钉时，手不得触及螺钉旋具的金属杆，以免发生触电事故，螺钉旋具的使用方法如图 3-49 所示。

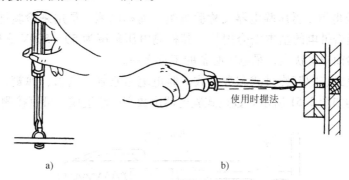

使用时握法

a)   b)

图 3-49 螺钉旋具的使用方法

2）为了避免金属杆触及手部或触及邻近带电体，应在金属杆上套上绝缘管。

3）使用螺钉旋具时，应按螺钉的规格选用适合的刃口，以小代大或以大代小均会损坏螺钉或电气元件。

4）为了保护其刃口及绝缘柄，不要把它当錾子使用。木柄螺钉旋具不要受潮，以免带电作业时发生触电事故。

5）螺钉旋具紧固螺钉时，应根据螺钉的大小、长短采用合理的操作方法，对于短小的螺钉可用大拇指和中指夹住握柄，用食指顶住柄的末端捻旋；对于较大的螺钉，使用时除大拇指和中指要夹住握柄外，手掌还要顶住柄的末端，这样可发防止旋转时滑脱。

4. 活扳手

活扳手是用来紧固和拆卸螺钉、螺母的一种专用工具，由头部和柄部组成。头部由活扳唇、呆扳唇、扳口、蜗轮和轴销等构成。其构造如图 3-50a 所示。

活扳手的规格较多，电工常用的有 150mm（6″）、200mm（8″）、250mm（10″）和 300mm（12″）四种规格。

使用活扳手的注意事项：

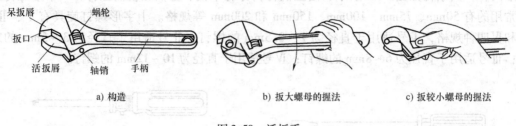

a) 构造　　　　　　　　b) 扳大螺母的握法　　　　　　c) 扳较小螺母的握法

图 3-50　活扳手

1) 应根据螺钉或螺母的规格旋动蜗轮调节好扳口的大小。扳动较大螺钉或螺母时，需用较大力矩，手应握在手柄尾部，如图 3-50b 所示。

2) 扳动较小螺钉或螺母时，需用力矩不大，手可握在接近头部的地方，并可随时调节蜗轮，收紧活扳唇，防止打滑，如图 3-50c 所示。

3) 活扳手不可反用，以免损坏活扳唇，不准用钢管接长手柄来施加较大力矩。

4) 活扳手不可当做撬棍和锤子使用。

5. 验电器

(1) 低压验电器　低压验电器又称验电笔，简称电笔，是用来检验低压导体和电气设备的金属外壳是否带电的基本安全用具，其检测电压范围为 50 ~ 500V 之间，具有体积小、携带方便、检验简单等优点，是电工必备的工具之一。

常用的有笔式、螺钉旋具式和数显式。验电笔由氖管、电阻、弹簧、笔身和笔尖等组成，验电笔结构如图 3-51 所示。数显式验电器由数字电路组成，可直接测出电压的数值。

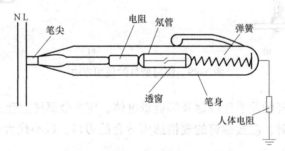

a) 笔式低压验电器

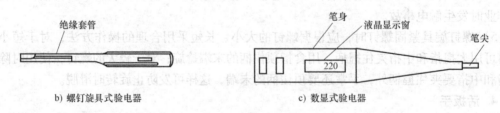

b) 螺钉旋具式验电器　　　　　　　　c) 数显式验电器

图 3-51　验电笔结构

验电笔的原理是被测带电体通过电笔、人体与大地之间形成的电位差产生电场，使电笔中的氖管在电场的作用下发出红光。

1) 验电笔验电时应注意以下事项：

① 测试时，手握电笔方法必须正确，手必须触及笔身上的金属笔夹或铜铆钉，不能触及笔尖上的金属部分（防止触电），并使氖管窗口面向自己，便于观察，如图 3-52 所示。

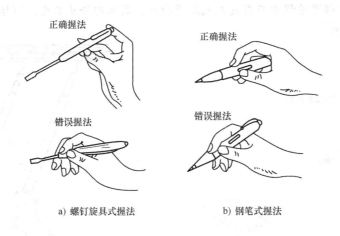

正确握法　　　　　　　　正确握法

错误握法　　　　　　　　错误握法

a) 螺钉旋具式握法　　　　　b) 钢笔式握法

图 3-52　电笔握法

② 测试时切忌将笔尖同时搭在两根导线或一根导线与金属外壳上，以防造成短路。

③ 在使用前应将电笔先在确认有电源部位测试氖管是否能正常发光方能使用，严防发生事故。

④ 在明亮光线下测试时，不易看清氖管是否发光，使用时应避光检测。

⑤ 电笔笔尖多制成螺钉旋具形状，它只能承受很小的扭矩，使用时应特别注意，以免损坏。

⑥ 电笔不可受潮，不可随意拆装或受到剧烈震动，以保证测试可靠。

2）验电笔的用途。验电笔除可用来测量区分相线与零线之外，还可以进行以下一般性的测量：

① 区别交、直流电源：当测试交流电时，氖管两个极会同时发光；而测直流电时，氖管只有一极发光，把验电笔连接在正负极之间，发光的一端为电源的负极，不发光的一端为电源的正极。

② 判别电压的高低：有经验的电工可以凭借自己经常使用的验电笔氖管发光的强弱来估计电压高低的大约数值，电压越高，氖管发光越亮。

③ 判断感应电：在同一电源上测量，正常时氖管发光，用手触摸金属外壳会更亮；而测量感应电时发光弱，用手触摸金属外壳时无反应。

④ 检查相线碰壳：用验电笔触及电气设备的壳体，若氖管发光则有相线碰壳漏电的现象。

（2）高压验电器　高压验电器又称为高压测电器。主要类型有发光型高压验电器、声光型高压验电器。发光型高压验电器由握柄、护环、紧固螺钉、氖管窗、氖管和金属探针（钩）等部分组成。图 3-53 所示为发光型 10kV 高压验电器。

高压验电器使用的注意事项：

1）使用前首先确定高压验电器额定电压必须与被测电气设备的电压等级相适应，以免危及操作者人身安全或产生误判。

2）验电时操作者应戴绝缘手套，手握在护环以下部分，同时设专人监护。同样应在有电设备上先验证验电器性能完好，然后再对被验电设备进行检测。**注意：** 操作中是将验电器渐渐移向设备，在移近过程中若有发光或发声指示，则立即停止验电。高压验电器验电时的握法如图 3-54 所示。

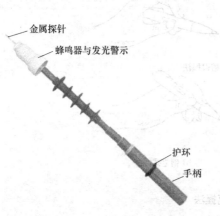

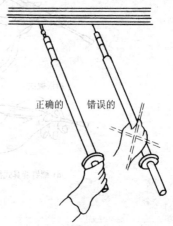

图 3-53　发光型 10kV 高压验电器结构　　　图 3-54　高压验电器验电时的握法

3）使用高压验电器时，必须在气候良好的情况下进行，以确保操作人员的安全。

4）验电时人体与带电体应保持足够的安全距离，10kV 以下的电压安全距离应为 0.7m 以上。

5）验电器应每半年进行一次预防性试验。

6. 电烙铁

电烙铁是用来焊接导线接头、电子元器件和电器元件接点的焊接工具。电烙铁的工作原理是利用电流通过发热体（电热丝）产生的热量熔化焊锡，然后进行焊接的。电烙铁的种类有外热式、内热式、吸锡式和恒温式等多种，其结构如图 3-55 所示。

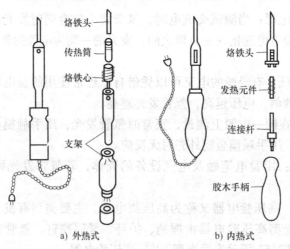

图 3-55　电烙铁的结构

常用的规格：外热式有 25W、45W、75W、100W、300W 和 500W；内热式有 20W、35W 和 50W 等。

使用电烙铁的注意事项：

1）新烙铁必须先处理后使用。具体处理方法：用砂布或锉刀把烙铁头打磨干净，然后接上电源，当烙铁温度能熔锡时，将松香涂在烙铁头上，再涂上一层焊锡，如此反复两三次，使烙铁头挂上一层锡便可使用。

2）电烙铁的外壳须接地时一定要采用三脚插头，以防触电事故。

3）电烙铁不宜长时间通电而不使用，这样容易使烙铁心加速氧化而被烧坏，缩短使用寿命，还会使烙铁头氧化，影响焊接质量，严重时造成"烧死"现象，不再吸锡。

4）导线接头、电子元器件的焊接应选用松香焊剂，焊金属铁等物质时，可用焊锡膏焊接，焊完后要清理烙铁头，以免酸性焊剂腐蚀烙铁头。

5）电烙铁通电后不能敲击，以免烙铁心损坏。

6）电烙铁不能在易燃易爆场所或腐蚀性气体中使用。

7）电烙铁使用完毕，应拔下插头，待冷却后放置干燥处，以免受潮漏电。

8）不准甩动使用中的电烙铁，以免锡珠溅出伤人。

7. 手电钻和冲击钻

（1）手电钻 手电钻是利用钻头加工孔的一种手持式常用电动工具。常用的手电钻有手提式和手枪式两种，其结构如图 3-56 所示。

手电钻采用的电压一般为 220V 或 36V 的交流电源。在使用 220V 的手电钻时，为保证安全应戴绝缘手套，在潮湿的环境中应采用 36V 安全电压。手电钻接入电源后，要用电笔测试外壳是否带电，以免造成事故。拆装钻头时应该用专用工具，切勿用螺钉旋具和锤子敲击钻夹。

a) 手提式

b) 手枪式

图 3-56 手电钻

（2）冲击钻 冲击钻是用来冲打混凝土、砖石等硬质建筑面的木榫孔和导线穿墙孔的一种工具，其结构如图 3-57 所示，它具有两种功能：一种是作冲击钻用，另一种可作为普通电钻使用，使用时只要把调节开关调到"冲击"或"钻"的位置即可实现不同的功能。冲击钻需配专用的冲击钻头，其规格有 6mm、8mm、10mm、12mm 和 16mm 等到多种。在冲钻墙孔时，应经常拔出钻头，以利于排屑。在钢筋建筑物上冲孔时，碰到坚实物不应施加过大压力，以免钻头退火或冲击钻抛出造成事故。

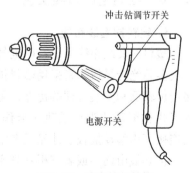

冲击钻调节开关

电源开关

图 3-57 冲击钻的结构

8. 拆卸器

拆卸器又叫拉具，也叫拉轮器。在电动机维修中主要用于拆卸轴承、联轴器和传动带轮等零件。按结构形式不同分为双爪和三爪两种。

使用拆卸器时要摆正，丝杆要对准电动机轴的中心孔，用活扳手或专用铁棍插入拆卸器丝杆尾端孔中，扳动时用力要均匀，如果拉不动时不可硬拉，以免损坏拆卸器和零件。操作情况如图 3-58 所示。在这种情况下可用锤子敲击皮带轮外圆或拆卸器丝杆的尾端，还可在紧固件与轴的接缝处加入煤油，必要时可以用喷灯、气焊枪在被拉零件的外表面加热，趁零件受热膨胀时迅速拉出。**注意**：加热时温度不宜太高，以防轴过热变形，时间也不能过长，否则轴也跟着受热膨胀，拉起来会更困难。

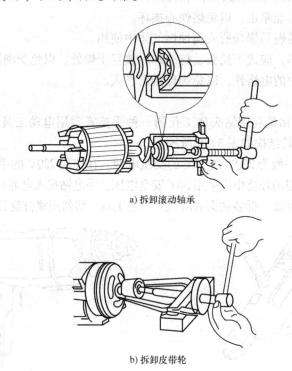

a) 拆卸滚动轴承

b) 拆卸皮带轮

图 3-58 拆卸器

3.2.6 照明电路布线工艺

1. 塑料护套线布线

塑料护套线布线属于室内电气照明的明配线工程，塑料护套线是一种有塑料保护层的双芯或多芯绝缘导线，是采用塑料护套线照明线安装的一种方法，具有防潮耐酸和耐腐蚀，线路造价较低和安装方便等优点，可以直接敷设在空芯板墙壁以及其他建筑物表面，用铝片线卡（也称钢精扎头）或兼线卡作为导线的支持物。敷设方便快捷，外观好看，使用安全，是连接家用移动插板、冰箱或者空调等电器的最佳选择。

护套线由两根或者三根并列平行的聚氯乙烯绝缘铜芯线（BV 线）组成，BV 线本来有绝缘胶皮的，在三根或者两根并列平行的 BV 线外面再裹一层胶皮，这层胶皮就是护套线。

护套线也是一种最常用的家用电线、布线用电线。

（1）塑料护套线工艺要求

1）工艺流程：弹线定位——预埋木榫保护（预埋塑料胀管）——护套线配线——导线连接——线路检查、绝缘摇测。

2）弹线定位时，塑料护套配线应符合以下规定：

① 线卡距离木台、接线盒及转角处不得大于50mm。线卡最大间距为300mm，间距均匀，允许偏差5mm。

② 线路与其他管道相遇时，应加套保护管且绕行。

3）根据图样中照明电器的位置预埋木榫和穿墙保护管。

4）护套线配线：根据原先预埋好的木榫和塑料胀管的位置，弹出粉线，确定固定档距。将铝卡子用钉子固定在木榫上，用木螺丝将接线盒、电门盒、插销盒等固定在塑料胀管上。根据线路的实际长度量好导线长度并剪断。应从线路的一端开始逐段地敷设，边敷设，边固定，然后将导线理顺调直。

5）导线连接：根据接线盒的大小预留导线的长度，削去绝缘包层。按导线绝缘层颜色区分相线、中性线或保护地线，用万用表测试，将导线正确接入相对应的接线柱内。

6）线路检查及绝缘摇测应符合要求。

（2）塑料护套线配线的注意事项

1）塑料护套线不得直接埋入抹灰层内暗配敷设。

2）室内使用塑料护套线配线，规定其铜芯截面积不得小于$0.5mm^2$，铝芯不得小于$1.5mm^2$。室外使用，其铜芯截面积不得小于$1.0mm^2$，铝芯不得小于$2.5mm^2$。

3）塑料护套线不能在线路上直接剖开连接，应通过接线盒或瓷接头，或借用插座、开关的接线桩来连接线头。

4）护套线转弯时，转弯前后各用一个铝片线卡夹住，转弯角度要大，如图3-59a所示。

5）两根护套线相互交叉时，交叉处要用四个铝片线卡夹住，如图3-59b所示。护套线尽量避免交叉。

6）穿越墙或楼板及离地面距离小于0.15m的护套线一般应加电线管保护，如图3-59c所示。

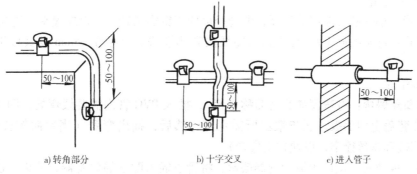

a) 转角部分　　　　　b) 十字交叉　　　　　c) 进入管子

图3-59　铝片线卡的安装

7）使用梯子时，禁止两人同时上梯子，梯子与地面之间的角度以 45°～60°左右为宜。在水泥地面上使用梯子时，要有防滑措施。对没有搭钩的梯子，在工作中要有人扶持，使用人字梯时拉绳必须牢固，不使用有空档的梯子。

2. 暗配装硬质 PVC 线管布线

室内电气线路的安装有明装配线（明配）与暗装配线（暗配）。明配有瓷瓶布线、塑料护套线布线。暗配为穿管配线，作为配线的线管有焊接钢管、电线管、薄钢管、硬质聚氯乙烯管（PVC 管）、塑料波纹电线管、金属软管、钢线槽和水煤气管等。

建筑物顶棚内，宜采用钢管配线。干燥场所的暗配管宜采用薄壁钢管；潮湿场所和直埋于地下的暗配管应采用厚壁钢管，当利用钢管管壁兼做接地线时，管壁厚度不应小于 2.5mm。穿金属管的交流线路为了避免涡流效应，应将同一回路的所有相线及中性线穿于同一根线管内。不同回路的线路不应穿于同一根管内。

为了便于穿线，要根据所穿导线截面积、根数选择配管管径。两根绝缘导线穿于同一根管，管内径不应小于两根导线外径之和的 1.35 倍（立管可取 1.25 倍）。当三根及以上绝缘导线穿于同一根管时，导线截面积（包括外护层）的总和，不应超过管内径截面积的 40%。

管路敷设宜沿最短路线并应减少弯曲和重叠交叉。管路超过下列长度时应加装中间盒，无弯曲时 30m，有 1 个弯 20m，2 个弯 15m，3 个弯 8m。

线路中绝缘导体或裸导体的颜色标记，交流三相线路：L1 相为黄色，L2 相为绿色，L3 相为红色，中性线为淡蓝色、保护线为绿/黄双色。直流线路：正极"＋"棕色，负极"－"为蓝色，接地中线为淡蓝色。

硬质 PVC 管暗装配线操作工艺流程有：

弹线定位→断管弯管→稳埋盒、箱→暗敷管路→扫管穿带线→配电箱、开关、插座、灯具安装→线路电气检查。

（1）弹线定位

1）根据设计图要求，在砖墙处确定开关盒、插座盒、配电箱位置进行弹线定位，按弹出的水平线用小线和水平尺测量出盒、箱准确位置并标出尺寸。

2）根据设计图灯位要求，在加气混凝土板、预制圆孔板（垫层内或极孔内暗敷管路）；现浇混凝土楼板、预制薄混凝土楼板上，进行测量后，标注出灯头盒的准确位置尺寸。

3）根据设计图要求，测量确定开关盒位置，根据开关导线的走向弹线标注出剔槽线。

（2）断管弯管

1）断管：小管径可使用剪管器，大管径可使用钢锯断管，断口应锉平，铣光。

2）弯管：弯制硬质 PVC 管可采用冷煨法和热煨法。管径在 25mm 及其以下可以用冷煨法。

① 冷煨法：

a）用膝盖煨弯：将弯管弹簧（简称弯簧），插入 PVC 管内需要煨弯处，两手抓牢管子两头，顶在膝盖上用手扳，逐步煨出所需弯度，然后，抽出弯簧（当弯曲较长的管子时，可将弯簧用镀锌铁丝拴牢，以便拉出弯簧）。

b）用手扳煨弯：使用手扳弯管器煨弯，将管子插入配套的弯管器，手扳一次煨出所需弯度。

② 热煨法：用电炉子、热风机等均匀加热、烘烤管子煨弯处，待管子被加热到可随意

弯曲时，立即将管子放在木板上，固定管子一头，逐步煨出所需管弯度，并用湿布抹擦使弯曲部位冷却定型，然后抽出弯簧。不得因煨弯使管出现烤伤、变色、破裂等现象。

（3）稳埋盒、箱　按弹出的水平线，对照设计图找出盒、箱的准确位置，然后剔洞，所剔孔洞应比盒、箱稍大一些。洞剔好后，先用水把洞内四壁浇湿，并将洞中杂物清理干净。依照管路的走向敲掉盒子的敲落孔，再用高标号水泥砂浆填入洞内将盒、箱稳端正，待水泥砂浆凝固。

（4）暗敷管路

1）管路连接。管路连接应使用套箍连接（包括端接头接管）。用小刷子沾配套供应的塑料管粘接剂，均匀涂抹在管外壁上，将管子插入套箍，管口应到位。黏接剂性能要求粘接后1min内不移位，黏性保持时间长，并具有防水性。

2）管路垂直或水平敷设时，每隔1m距离应有一个固定点，在弯曲部位应以圆弧中心点为始点距两端300～500mm处各加一个固定点。

3）管进开关盒、插座盒、箱，一管一孔。

（5）扫管穿带线　对于现浇混凝土结构，如墙、楼板应及时进行扫管，即随拆模随扫管，这样能够及时发现堵管不通现象，便于处理，以便在混凝土未终凝时，修补管路。经过扫管后确认管路畅通，再按图进行线路的穿带线，最后将管口、盒口、箱口堵好，加强成品配管保护，防止出现二次堵塞管路现象。

（6）配电箱、开关、插座、灯具安装　当所有的盒、箱、线管安装固定，以及穿带线完成后，按电气原理图配电连接配电箱、开关、插座、灯具。

（7）线路电气检查　完成线路的电气连接后，应使用500V的绝缘电阻表对线路每一用电回路进行绝缘检测，线路测试时导线间、导线对地间的绝缘电阻应大于0.5MΩ。

3.3　综合实训　机房电源系统线管综合布线

结合本项目所学知识与技能，请设计一间140m²、50个机位的计算机机房电源系统综合布线，内容包括：用电功率设计、电源系统原理图设计与绘制，并采用硬质PVC线管布线方式，进行电源系统的安装与调试。

以每组4～6人为宜，电源系统综合布线的设计与绘制用时不超过240min。线路施工与调试用时不超过480min。

3.3.1　机房电源综合布线相关知识

1. 机房电源综合布线设计

机房电源综合布线的设计，要以安全、稳定、够用为原则，主要有以下几个部分：

1）空调功率比较大，建议单独供电，可以选择直径为6mm的铜芯线。每台空调安装一个低压断路器，控制空调电源的开关。

2）网吧内总负载最大的计算机，使用直径为4mm的铜芯线。使用分组点接，每隔1.5m左右安装一个10A三芯国标插座作为一个点，再用多孔插座将计算机接入，在1.5m的范围内，2～4台计算机使用这一个插座接入电源；每组10台计算机，由一个低压断路器控制。

3）照明设备单独用一条线路，由于功率相对较小，使用直径为 2.5mm 的铜芯线。

2. 机房电源综合布线施工

机房电源系统的综合布线工程设计完成之后，就可以进入施工阶段了。在电源布线的施工过程中，需要注意以下几个方面：

1）为避免影响网线和电话线的传输质量，电源线最好单独走一个管道或者 PVC 槽子。

2）计算机和一些网络设备，在正常工作中外壳都可能产生一些静电，如果没有有效的接地措施，静电积累到一定程度，可能会烧坏硬件或者击伤人。因此，在电源布线时，必须安装地线。

3）线路做好标志：一条 PVC 管道中通常会有多条电源线，负责为不同的用电设备供电，为了维护的方便，必须为每条线路做好标志。做标志时，最好每隔 10m 打一个标签，这样有利于查找故障线路。

3.3.2 穿戴与使用绝缘防护用具

进入实训室或者工作现场，必须穿工作服（长袖）、戴安全帽。安全帽必须系紧帽带，长袖工作服不得卷袖。进入现场必须穿合格的工作鞋，任何人不得穿高跟鞋、网眼鞋、钉子鞋、凉鞋、拖鞋等进入现场。在有机械转动环境中工作的人员不许戴手套、系领带和围巾。

任何人进入现场前必须确认：

1）工作者戴上安全帽。

2）工作者穿上工作鞋。

3）工作者紧扣上衣领口、袖。

4）人字梯无缺档，中间拉线牢固，梯脚防滑良好。

3.3.3 仪器仪表、工具与材料的领取与检查

1. 所需仪器仪表、工具与材料

所需工具：电工常用工具一套。

所需仪表：万用表，绝缘电阻表。

所需场地：模拟机房一间。

所需材料：PVC 线管、低压断路器、电源线、单相五孔插座、绝缘导线、人字梯。

2. 仪器仪表、工具与材料领取

领取相关仪器仪表、工具与材料等器材后，将对应的参数填写到表 3-4 中。

表 3-4 仪器仪表、工具与材料领取表

序号	名称	型号	规格与主要参数	数量	备注
1					
2					
3					
4					
5					

3. 检查领到的仪器仪表与工具

1）电工常用工具绝缘护套良好。

2）万用表各个档位无损坏。

3）绝缘电阻表无损坏。

3.3.4　训练内容

序号	训练内容	操作步骤	时长
1	用电功率设计 容量统计	1）2 台 380V/5kW 空调的功率： $P_1 =$ 2）以 200～250W 一台功率计算 50 台计算机的功率： $P_2 =$ 3）以每平方米 9W 的照明计算，140m² 的实训室所需照明灯的功率： $P_3 =$ 4）网络设备（交换机）、教师机、投影、音箱等按 1kW 计算： $P_4 =$	90min
2	容量分配	为了保证电源的三相平衡，将上述设备均衡分配到三相电源 L1、L2、L3 上： 1）空调接在： 2）60 台计算机接在： 3）照明灯接在： 4）网络设备（交换机）、教师机、投影、音箱等设备接在：	30min
3	电源系统原理图绘制	使用专业绘图软件绘制电源系统原理图	120min
4	电源系统综合布线施工	1）弹线定位 2）断管变管 3）稳埋盒、箱 4）暗敷管路 5）扫管穿带线 6）配电箱、开关、插座、灯具安装	420min
5	线路电气检查	1）空调线路绝缘测试 2）计算机用插座线路绝缘测试 3）照明线路绝缘测试 4）网络设备（交换机）、教师机、投影、音箱等设备线路检查	40min

3.3.5　按照现代企业8S管理要求进行工作现场的整理

训练完成后,应及时对工作场地进行卫生清洁,使物品摆放整齐有序,保持现场的整洁、安全,做到标准化管理。

1)整理自己的工作场地,打扫现场卫生。

2)根据任务分工要求,打扫实训场地卫生。

3)根据工作现场要求,归位场地内的设施和设备。

4)拉闸断电,保证实训场地的安全。

3.3.6　仪器仪表、工具与材料的归还

1)归还线管及相关材料。

2)归还万用表、绝缘电阻表等仪表。

3)归还电工工具。

3.4　考核评价

考核评价表见表3-5。

表3-5　考核评价表

考核项目	考核内容	考核方式	百分比
态度	1)按照现场管理要求(整理、整顿、清扫、清洁、素养、安全、节约、环保)安全文明生产 2)按照室内配线工艺完成配线任务 3)具有团队合作精神,具有一定的组织协调能力	学生自评+学生互评+教师评价	30%
技能	1)熟练使用常用的电工工具 2)与团队协作完成大型的室内各类型的配线工作 3)会查找相关资料 4)会撰写项目报告	教师评价+学生互评+学生自评	40%
知识	1)掌握导线和熔断器的选用方法 2)掌握电工操作安全知识 3)掌握室内配线基本知识	教师评价	30%

3.5　拓展训练

很多室内的照明电路除了使用塑料护套线进行布线安装外,还经常使用塑料线槽进行照明电路的布线安装。线槽布线的安装过程与塑料护套线的安装过程一样,在工艺上不同的是线槽的安装方法不同。

1. 强化训练

仍按图3-1所示的照明电路原理图用线槽板进行布线安装。

2. 所需仪器仪表、工具与材料

所需仪器仪表、工具、材料与表3-2相同，只是将塑料护套线 BVV – 1.0 更换成塑料绝缘软导线 BVR – 1.0，增加塑料线槽板即可。

3. 线槽布线步骤

线槽布线的工艺步骤与护套线的相同，在布线工艺操作上按照线槽板安装的要求进行，具体步骤与方法见表3-6。

表3-6 线槽板布线步骤与方法

序号	步　骤	方　　法	完成情况
1	画线定位	1）画出线槽板的走向线，做到横平竖直，与房间的轮廓线平行，最好是沿踢脚线、横梁、墙角等隐蔽处 2）沿线槽板走向以间隔小于500mm的距离，标出线槽板固定点的位置，在固定点上，如果是灰浆墙面，则用冲击钻打孔、装塑料胀管	
2	线槽板的拼接	线槽板的拼接分为对接、转角、T 形对接，接头部位应锯成45°	
3	线槽板安装	将线槽板用螺钉固定在画线位置的塑料胀管上，线槽板的敷设必须平直，底板与盖板的拼接口应错开	
4	导线的敷设	线槽板内的导线不能有接头，接头处应设分线盒	
5	固定盖板	当线路较长时，不能直接用盖板固定导线，可在槽板内设挂钩，将导线成束捆挂在挂钩上，再盖上盖板	
6	电能表与灯具的固定与安装	与表3-2同	
7	插座固定与安装	与表3-2同	
8	电路安装检查	检查项目与3-2同，线槽板安装应横平竖直，接缝整齐	
9	通电检测	与表3-2同	

4. 线槽布线现场操作工艺

1）线槽配线在穿过楼板及墙壁时，应使用保护管，而且穿楼板处必须用钢管保护，其保护高度距地面不应低于1.8m；过变形缝时应做补偿处理。

2）线槽布线定位时应按设计图确定进户线、盒、箱等电气器具固定点的位置，在定位画线时不应弄脏建筑物表面。

3）线槽固定：

① 木砖固定线槽：配合土建结构施工时预埋木砖；用加气砖墙或砖墙剔洞后再埋木砖，梯形木砖较大的一面应朝洞里，外表面与建筑物的表面平齐，然后用水泥砂浆抹平，待凝固后，再把线槽底板用木螺钉固定在木砖上，如图 3-60 所示。

② 塑料胀管固定线槽：混凝土墙、砖墙可采用塑料胀管固定塑料线槽。根据胀管直径和长度选择钻头，在标出的固定点位置上钻孔，不应歪斜、豁口，应在垂直钻好孔

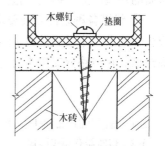

图 3-60 线槽的固定

后，将孔内残存的杂物清净，用木锤把塑料胀管垂直敲入孔中，并与建筑物表面平齐为准，再用石膏将缝隙填实抹平。用半圆头木螺钉加垫圈将线槽底板固定在塑料胀管上，紧贴建筑物表面。应先固定两端，再固定中间，同时对正线槽底板，应横平竖直，并沿建筑物形状表面进行敷设。

③ 伞形螺栓固定线槽：在石膏板墙或其他护板墙上，可用伞形螺栓固定塑料线槽，根据弹线定位的标记，找好固定点位置，把线槽的底板横平竖直的紧贴建筑物的表面，钻好孔后将伞形螺栓的两伞叶掐紧合拢插入孔中，待合拢伞叶自行张开后，再用螺母紧固即可，露出线槽内的部分应加套塑料管。固定线槽时，应先固定两端再固定中间，如图3-61所示。

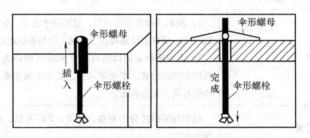

图 3-61　伞形螺栓的安装

④ 线槽连接：线槽及附件连接处应严密平整，无缝隙，紧贴建筑物槽体固定点的最大间距见表3-7。

表 3-7　槽体固定点的最大间距

固定点形式	槽板宽度/mm		
	20 ~ 40	60	80 ~ 120
	固定点最大间距/mm		
中心单列	800	—	—
双列	—	1000	—
双列	—	—	800

⑤ 槽底和槽盖直线段对接：槽底和固定点间距应不小于500mm，盖板和固定点间距应不小于300mm，底板离终点50mm及盖板离终端点30mm处均应固定。三线槽的槽底与槽盖对接缝应错开并不小于100mm。

⑥ 线槽分支接头和线槽附件（如直通、三通转角、接头、插口、盒、箱）应采用相同材质的定型产品。槽底、槽盖与各种附件相对接时，接缝处应严实平整，固定牢固。

⑦ 线槽各种附件安装要求：盒子均应两点固定，各种附件角、转角、三通等固定点不应少于两点（卡装式除外）。接线盒、灯头盒应采用相应插口连接；线槽的终端应采用终端头封堵。在线路分支接头处应采用相应接线箱；安装铝合金装饰板时，应牢固平整严实。

习题与思考题

3-1　导线截面积的选择应由什么因素决定？

3-2　熔断器有哪些形式？

3-3　对不同的负载应如何选择熔断器中熔体的额定电流？

3-4 用塑料护套线配线应注意什么?

3-5 照明电路安装有哪些步骤?

3-6 安装单相三极插座能用电源中性线作为其接地线吗? 为什么?

3-7 画出用两只双联开关控制一盏白炽灯的接线原理图。

3-8 荧光灯照明电路由哪几部分组成? 画出荧光灯工作原理图。

3-9 接通电源后照明不亮的故障原因有哪些?

项目4

单相变压器的检测

项目描述

变压器是利用电磁感应原理，从一个电路向另一个电路传递电能或传输信号的一种电器，是电力系统中生产、输送、分配和使用电能的重要装置，也是电力拖动系统和自动控制系统中，电能传递或作为信号传输的重要元件。

通过本项目的学习，我们应该掌握单相变压器的结构、用途和工作原理，学会使用万用表、单臂电桥和绝缘电阻表检测单相变压器的基本参数，使用直流法和交流法测定变压器的同名端，并能绕制变压器。

4.1 项目演练 单相变压器的检测

4.1.1 穿戴与使用绝缘防护用具

进入实训或者工作现场着装必须穿工作服（长袖）、戴安全帽。安全帽必须系紧帽带，长袖工作服不得卷袖。进入现场必须穿合格的工作鞋，任何人不得穿高跟鞋、网眼鞋、钉子鞋、凉鞋、拖鞋等进入现场。在有机械转动环境中工作的人员不许戴手套、系领带和围巾。

1）确认自己已经戴上了安全帽。

2）确认自己已经穿上了工作服、工作鞋。

4.1.2 仪器仪表、工具与材料的领取与检查

1. 所需仪器仪表、工具与材料

本项目需用到绝缘电阻表、单臂电桥、万用表、直流电压表、干电池（3V）、实验变压器和漆包线。

2. 领取仪器仪表、工具与材料

领取绝缘电阻表、单臂电桥等器材后，将对应的参数填写到表4-1中。

表4-1 仪器仪表、工具与材料领取表

序号	名　称	型　号	规格与主要参数	数　量	备　注
1	绝缘电阻表				
2	单臂电桥				
3	万用表				
4	直流电压表				
5	实验变压器				

3. 检查领到的仪器仪表与工具

1) 检查绝缘电阻表、单臂电桥、万用表、直流电压表等是否正常。

2) 检查实验变压器等是否正常。

4.1.3 单相变压器的基本检测

1. 变压器同一绕组端点的测定

当变压器一次、二次绕组的端点分不清楚时，可以使用万用表测定。

选用万用表欧姆档 $R \times 10$（或 $R \times 1$）档位测量，若指针偏转，有稳定的读数（小容量一般为几欧到几十欧），则所测端子为同绕组的两端点。若电阻为无穷大，则指针无偏转，说明所测端子不是同一个绕组的首尾端，或者虽然是同一绕组，但该绕组已经断开。

将万用表调零后，分别测量变压器一次绕组和二次绕组的电阻，并将测量结果填入表 4-2。

表 4-2 用万用表测量变压器绕组电阻

序号	项 目	测量结果/Ω	结 论
1	用万用表测一次绕组的电阻		
2	用万用表测二次绕组的电阻		

2. 变压器绕组直流电阻的测量

电桥电路是电磁测量中电路连接的一种基本方式，由于测量准确、使用方便，所以得到了广泛应用。图 4-1 和图 4-2 分别是电桥的原理图和实物图。

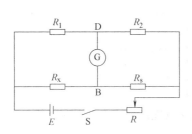

图 4-1 电桥的原理图

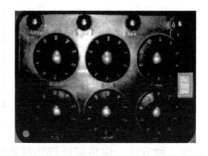

图 4-2 电桥实物图

这里使用单臂电桥（惠斯登电桥）来精确测量变压器的绕组电阻，并将测量结果填入表 4-3。

表 4-3 用单臂电桥测量变压器绕组电阻

序号	项 目	测量结果/Ω	结 论
1	用单臂电桥测一次线圈的电阻		
2	用单臂电桥测二次线圈的电阻		

3. 变压器绝缘电阻测试

绝缘电阻测试是检查变压器绝缘状况的通用办法，一般均能有效查出变压器绝缘受潮、绝缘老化及局部缺陷（如瓷件破裂）。

1）练习正确使用 500V 绝缘电阻表。

2）使用绝缘电阻表对变压器绕组进行绝缘检测，分别测量一次、二次绕组之间的绝缘电阻，一次、二次绕组与铁心的绝缘电阻，对于额定电压在 500V 以下的变压器，其值最低不得小于 1000Ω/V。将测量结果填入表 4-4。

表 4-4　用绝缘电阻表测试变压器绕组的绝缘电阻

序号	项　　目	测量结果/Ω	结　　论
1	一次、二次绕组之间的绝缘电阻		
2	一次绕组与铁心的绝缘电阻		
3	二次绕组与铁心的绝缘电阻		

4.1.4　变压器同名端的判别

当电流分别从两个线圈对应的端组流入时，磁通相互加强，则这两个端组称作为同名端。对于一台已经制成的变压器，无法从外部观察其绕组的绕向，因此无法辨认其是否为同名端，此时可用实验的方法进行测定，测定的方法有直流法、交流法等。

1. 直流法测定变压器的同名端

直流法测变压器同名端原理图如图 4-3 所示，直流电源可选用两节大容量 1 号电池，在开关 S 闭合的瞬间，注意观察直流电压表指针的偏转方向，如果电压表的指针正方向偏转，则表示变压器接电池正极的端头和接电压表正极的端头为同名端（1、3）；反之，如果反偏，则表示变压器接电池正极的端头和接电压表负极的端头为同名端（1、4）。

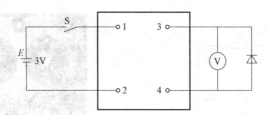

图 4-3　直流法测变压器同名端原理图

采用这种方法，应将高压绕组接电池，以减少电能的消耗，而将低压绕组接毫伏表，可减少对直流电压表的冲击。没有干电池的时候，也可以用 5～10V 直流电源代替，并且串接一个 100Ω 的保护电阻。另外，测试时应尽量缩短开关 S 的闭合时间。注意在开关 S 分断时，直流电压表会向反方向偏转，为了防止直流电压表损坏，直流电压表的两端应加装保护二极管，如图 4-3 所示。

测量结果如下：闭合开关 S 时，直流电压表_____偏，故_____是同名端。

2. 交流法测定变压器的同名端

交流法测定变压器的同名端原理图如图 4-4 所示，将一、二次绕组各取一个接线端连接在一起，如图 4-4 中的 2

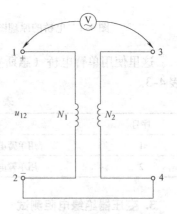

图 4-4　交流法测定变压器的同名端原理图

和4，并在一次绕组 N_1 绕组的两端加一个较低的交流电压 U_{12}，如36V，再用交流电压表分别测量 U_{12}、U_{13}、U_{34} 各值。如果测量结果为 U_{13} 小于 U_{12}，则说明 N_1、N_2 绕组为反极性串联，故 1 和 3 为同名端；如果 U_{13} 大于 U_{12}，则说明 N_1、N_2 绕组为顺极性串联，1 和 4 为同名端。

4.1.5　按照现代企业 8S 管理要求进行工作现场的整理

训练完成后，应及时对工作场地进行卫生清洁，使物品摆放整齐有序，保持现场的整洁、安全，做到标准化管理。

1）整理自己的工作场地，打扫现场卫生。

2）根据任务分工要求，打扫实训场地卫生。

3）根据工作现场要求，归位场地内的设施和设备。

4）拉闸断电，保证实训场地的安全。

4.1.6　仪器仪表、工具与材料的归还

仪器仪表、工具与材料使用完毕后应归还相应管理部门或单位。

1）归还绝缘电阻表、单臂电桥、万用表和直流电压表。

2）归还变压器、干电池。

4.2　相关知识介绍

变压器是根据电磁感应原理将某一种电压、电流的交流电能转变成另一种电压、电流的交流电能的静止电气设备。

4.2.1　变压器的结构与用途

1. 变压器的结构

变压器主要包括铁心和绕组两大部分。

（1）铁心　铁心是变压器的基本部分，变压器的一次、二次绕组都是绕在铁心上的。它的作用是在交变的电磁转换中，提供闭合的磁路，让磁通绝大部分通过铁心构成的闭合回路，所以变压器的铁心多采用硅钢片。

变压器的铁心分为心式和壳式两种，其结构如图 4-5 所示。心式变压器多用于高压的供电变压器；壳式变压器，大多用于大电流的特殊变压器或用于电子仪器、电视机、收音机等的电源变压器。

（2）绕组　绕组由绝缘铜线或铝线绕制而成，有同心式和交叠式两种，绕组结构如图 4-6所示。

2. 变压器的用途

变压器按用途不同分为电力变压器、仪用互感器、自耦变压器和交流弧焊变压器等。

（1）电力变压器　在生产和日常生活中，经常会碰到各种不同的供电设备，它们所需的电源电压也是不同的。如在工厂常用的三相异步电动机，其额定电压为380V，而日常生活中的照明电压一般为220V，机床照明或低压电钻等只需36V、24V、12V 等。因为发电厂

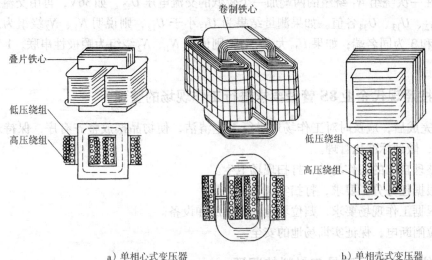

a）单相心式变压器　　　　　b）单相壳式变压器

图 4-5　单相心式和壳式变压器

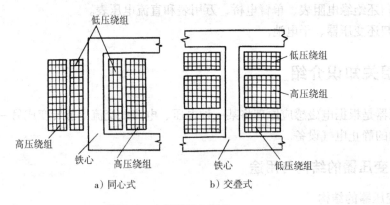

a）同心式　　　　b）交叠式

图 4-6　变压器绕组结构

所输出的电压一般为 6.3kV、10.5kV，最高不超过 20kV，而电能要经过很长的输电线才能送到各用电单位。为了减少输送过程线路上的电能损失，就必须采用高压输电，需要将电压升到 10kV、35kV、110kV、220kV、330kV、500kV 等级的高电压或超高压，所以为了输配电和用电的需要，就要使用升压变压器或降压变压器，将同一交流电压变换成同频率的各种不同电压等级，以满足各类负荷的需要。

（2）仪用互感器　在电工测量中，被测量的电量经常是高电压或大电流，为了保证安全，必须将待测电压或电流按一定比例降低，以便于测量。用于测量的变压器称为仪用互感器，按用途可分为电流互感器和电压互感器。

（3）自耦变压器　自耦变压器又称调压变压器（简称调压器），其一次、二次绕组共用一部分绕组，一次、二次绕组之间不仅有磁的耦合，还有电的直接联系。自耦变压器主要用于实验室和交流异步电动机的减压起动设备中。

（4）交流弧焊变压器　目前广泛使用的交流弧焊机，实际上是一台特殊的降压变压器，又称电焊变压器。电焊变压器必须保证在焊条与焊件之间燃起电弧，用电弧的高温使金属熔化进行焊接。

4.2.2 变压器的基本工作原理

如图4-7所示，变压器铁心柱上有两个绕组，其中与电源相接的绕组称为一次绕组（俗称原边绕组），与负载相连的绕组称为二次绕组（俗称副边绕组）。

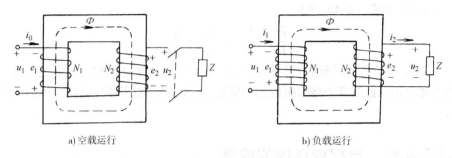

a) 空载运行   b) 负载运行

图4-7 单相变压器工作原理图

1. 空载运行

当变压器的一次绕组加交流电压 U_1 时，在一次绕组中产生交流电流，由于此时二次绕组不接负载处于开路状态（二次电流 $I_2 = 0$），所以此电流称为空载电流，用 I_0 表示。此时，变压器处于空载运行状态，如图4-7a所示。

一次绕组中交变的空载电流 I_0 将产生交变的磁通，此交变的磁通通过铁心而形成闭合回路，与一、二次绕组相交链，在一、二次绕组中产生交变的感应电动势 E_1 和 E_2，根据有关公式可以推导得到其大小分别为

$$E_1 = 4.44fN_1\Phi_m$$
$$E_2 = 4.44fN_2\Phi_m \tag{4-1}$$

式中，E_1 为一次绕组中感应电动势的有效值（V）；E_2 为二次绕组中感应电动势的有效值（V）；f 为电源电压频率（Hz）；N_1 为一次绕组的匝数；N_2 为二次绕组的匝数；Φ_m 为铁心中主磁通的最大值（Wb）。

$$\frac{E_1}{E_2} = \frac{4.44fN_1\Phi_m}{4.44fN_2\Phi_m} = \frac{N_1}{N_2} \tag{4-2}$$

在变压器空载运行时，因 I_0 很小，故一次绕组中的电压也很小，在数值上 $E_1 \approx U_1$。因 $I_2 = 0$，E_2 在数值上等于二次绕组的空载电压 U_2，即 $E_2 = U_2$。所以

$$\frac{E_1}{E_2} = \frac{U_1}{U_2} = \frac{N_1}{N_2} = K \tag{4-3}$$

式中 K 称为一、二次绕组匝数比，也称为变压器的额定电压比，俗称变比。当 $K > 1$ 时，该变压器是降压变压器；当 $K < 1$ 时该变压器是升压变压器；当 $K = 1$ 时，常用作隔离变压器。欲使二次侧有不同的电压，只需在二次侧绕制不同匝数的绕组即可。但对于各类电气系统中正常运行的各种产品变压器，其电压比是一个定值，不能随意改变。

2. 负载运行

当二次绕组接上负载后，如图4-7b所示，二次绕组中有电流 I_2 流过，并产生磁通 Φ_2，因而使原来铁心中磁通 Φ 发生了变化。为了"阻碍" Φ_2 对原有磁通 Φ 的影响，一次绕组中

电流从空载电流 I_0 增大到 I_1。因此,当二次电流增大或减小时,一次电流也会随之增大或减小。

变压器工作时本身有一定的损耗(铜损和铁损),但与变压器传输功率相比则是很小的,可近似地认为变压器一次绕组输入功率等于二次绕组输出功率。即

$$U_1I_1 = U_2I_2 \qquad (4\text{-}4)$$

由式(4-3)和式(4-4)可得

$$\frac{I_1}{I_2} = \frac{U_2}{U_1} = \frac{N_2}{N_1} = \frac{1}{K} \qquad (4\text{-}5)$$

以上分析表明:当二次绕组内通过电流时,一次绕组也要通过相应的电流。且一、二次绕组内的电流之比,近似等于绕组匝数比的倒数。这说明,变压器在改变电压的同时,也改变了电流。

4.3 综合实训 单相变压器的检测

4.3.1 穿戴与使用绝缘防护用具

进入实训或者工作现场着装必须穿工作服(长袖)、戴安全帽。安全帽必须系紧帽带,长袖工作服不得卷袖。进入现场必须穿合格的工作鞋,任何人不得穿高跟鞋、网眼鞋、钉子鞋、凉鞋、拖鞋等进入现场。在有机械转动环境中工作的人员不许戴手套、系领带和围巾。

1)确认自己已经戴上了安全帽。

2)确认自己已经穿上了工作服、工作鞋。

4.3.2 仪器仪表、工具与材料的领取与检查

1. 所需仪器仪表、工具与材料

绝缘电阻表、电桥、万用表、直流电压表、干电池 3V、实验变压器、漆包线。

2. 仪器仪表、工具与材料领取

领取绝缘电阻表、电桥等器材后,将对应的参数填写到表 4-5 中。

表 4-5 仪器仪表、工具与材料领取表

序号	名称	型号	规格与主要参数	数量	备注
1	绝缘电阻表				
2	电桥				
3	万用表				
4	直流电压表				
5	实验变压器				

3. 检查领到的仪器仪表与工具

1)绝缘电阻表、电桥、万用表、直流电压表等是否正常。

2)实验变压器等是否正常。

4.3.3 单相变压器的测试

按要求完成变压器的基本检测和绕组判别训练，并在表 4-6 中做好记录。

表 4-6 训练内容与要求

序号	训练内容	具体要求	限时	完成情况记录
1	用万用表判别变压器绕组状态	一次绕组电阻： 二次绕组电阻：	2min	
2	用电桥测试变压器绕组电阻	一次绕组电阻： 二次绕组电阻：	3min	
3	用绝缘电阻表测试变压器绕组的绝缘电阻	一次、二次绕组之间的绝缘电阻： 一次绕组与铁芯的绝缘电阻： 二次绕组与铁芯的绝缘电阻：	5min	
4	直流法测定变压器的同名端	接线要求： 操作现象： 结论：	5min	
5	交流法测定变压器的同名端	接线要求： 操作现象： 结论：	5min	

4.3.4 按照现代企业 8S 管理要求进行工作现场的整理

训练完成后，应及时对工作场地进行卫生清洁，使物品摆放整齐有序，保持现场的整洁、安全，做到标准化管理。

1）整理自己的工作场地，打扫现场卫生。

2）根据任务分工要求，打扫实训场地卫生。

3）根据工作现场要求，归位场地内的设施和设备。

4）拉闸断电，保证实训场地的安全。

4.3.5 仪器仪表、工具与材料的归还

1）归还绝缘电阻表、电桥、万用表、直流电压表。

2）归还变压器、干电池。

4.4 考核评价

考核评价表见表 4-7。

表4-7 考核评价表

考核项目	考核内容	考核方式	百分比
态度	1）能按照现场管理要求（整理、整顿、清扫、清洁、素养、安全、节约、环保）安全文明生产 2）能严格按照工艺文件要求绕制变压器 3）具有团队合作精神，具有一定的组织协调能力	学生自评 + 学生互评 + 教师评价	30%
技能	1）会使用万用表、单臂电桥和绝缘电阻表检测变压器的参数 2）会使用直流法、交流法测定变压器的同名端 3）会查找相关资料 4）会撰写项目报告	教师评价 + 学生互评 + 学生自评	40%
知识	1）掌握变压器基本结构、原理等基本知识 2）掌握变压器绕制基本知识	教师评价	30%

4.5 拓展训练

训练任务：单相变压器的绕制。

1. 所需仪器仪表、工具与材料

所需工具：手动绕线机、剪刀、尖嘴钳、铁锤、木楔。

所需材料：小型变压器塑料骨架、铁心、铜导线、0.015mm电容器纸或白蜡纸。

2. 绕制前的准备工作

1）选择漆包线和绝缘材料。

2）选择或制作绕组骨架。

3）制作木心（木心是套在绕线机转轴上支撑绕组骨架的，以进行绕线）。

4）裁剪好各种绝缘纸（布），绝缘纸的宽度应稍长于骨架的长度，而长度应稍大于骨架的周长，还应考虑到绕组绕大后所需的裕量。

3. 绕制线包

（1）起绕 绕线前，利用木心将骨架固定在绕线机上，如图4-8a所示。若采用无框骨架，起绕时将导线引线头压入一条绝缘带的折条，以便抽紧起始线头，如图4-8b所示。导线起绕点不可过于靠近骨架边缘，以免绕线时导线滑出。若采用有框骨架，导线要紧靠边框不必留出空间，手动绕线机指针必须对"零"。

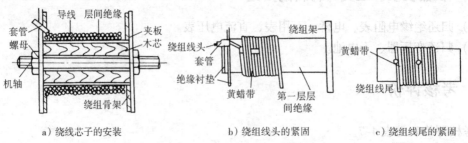

a）绕线芯子的安装　　　b）绕组线头的紧固　　　c）绕组线尾的紧固

图4-8 绕组的绕制

（2）绕线方法　导线要求绕得紧密、整齐，不允许有叠线现象。绕线的要领：按图 4-9 所示拉线，拉线的手顺绕线的前进方向移动。拉力大小要适当，每绕完一层要垫层间绝缘（电容器纸）。

（3）线包的层次　绕线的顺序按一次侧绕组、静电屏蔽、二次侧高压绕组、低压绕组依次叠绕。每绕完一组绕组后，要垫绕组间绝缘（聚酯薄膜、青壳纸）。

（4）线尾的紧固　当一组绕组的绕制接近结束时，要垫上一条绝缘带的折条，继续绕线至结束，将线尾插入绝缘带的折缝中，抽紧绝缘带，线尾便固定了，如图 4-8c 所示。

（5）静电屏蔽层的制作　电子设备中的电源变压器，需在一、二次绕组间放置静电屏蔽层。屏蔽层用厚约 0.1mm 的铜箔或铝箔等金属箔，其宽度比骨架长度稍短 1~3mm，长度比一次绕组的周长短 5mm 左右，如图 4-10 所示。屏蔽层夹在一、二次绕组的绝缘垫层间，不能碰到导线或自行短路，铜箔上焊接一根多股软线作为引出接地线。如无铜箔，可用 0.12~0.15mm 的漆包线密绕一层，一端埋在绝缘层内，另一端引出作为接地线。

（6）引线　当线径大于 0.2mm 时，绕组的引线可利用原线，按图 4-11 所示的方法绞合后引出即可。线径小于 0.2mm 时应采用多股软线焊接后引出，焊剂应采用松香焊剂。引出线的套管应按耐压等级选用。

（7）外层绝缘　线包绕好后，外层用铆着焊片的青壳纸绕 2~3 层，用胶水粘牢。将各绕组的引出线焊在焊片上。线圈绕制完毕后，应先与铁心进行试插，看铁心能否插入线圈内，如无法插入，需将线圈整形。当能插入自如时，方可进行浸漆、绝缘处理。

（8）半成品测试　包括不同绕组的绝缘测试，以及绕组的断线及短路测试。

图 4-9　绕制时拉线的方法

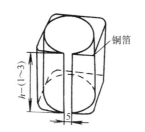

图 4-10　静电屏蔽层的形状图

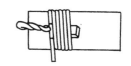

图 4-11　利用原线做引线

4. 铁心镶片

（1）镶片要求　铁心镶片要求紧密、整齐，不能损伤线包，否则会使铁心截面积达不到要求，造成磁通密度过大而发热，以及变压器在运行时硅钢片会产生振动噪声。

（2）镶片方法　镶片应从线包两边一片一片地交叉对镶，镶到中部时则要两片两片地对镶，当余下最后几片硅钢片时，比较难镶，俗称紧片。紧片需用螺钉旋具撬开两片硅钢片的夹缝才能插入，同时用木槌轻轻敲入，切不可强行将硅钢片插入，以免损伤框架或线包。

（3）半成品测试　包括：绝缘电阻测试，用绝缘电阻表测试各组绕组之间及各绕组对铁心（地）的绝缘电阻；空载电压的测试，一次侧加额定电压时，二次侧空载电压允许误差 ≤ ±5%；空载电流的测试，一次侧加额定电压时，其空载电流应小于 10%~20% 的额定电流。

5. 浸漆、绝缘处理

线包绕好后，为防潮和增强绝缘强度，应做绝缘处理。处理方法：将线包在烘箱内加温到 70~80℃，预热 3~5h 取出，立即浸入 1260 漆等绝缘清漆中约 0.5h，取出后在通风处滴干，然后在80℃烘箱内烘8h左右即可。

6. 成品测试

1) 耐压及绝缘测试：用高压仪、绝缘电阻表测试各组绕组之间及各绕组对铁心（地）的耐压及绝缘电阻。

2) 空载电压、电流测试（同上）。

3) 负载电压、电流测试（一次侧加额定电压，二次侧加额定负载，测量电压与电流）。

习题与思考题

4-1 变压器由哪几部分组成？各部分的作用是什么？

4-2 变压器的工作原理是什么？

4-3 变压器的输出电压、输出电流与一、二次绕组匝数比的关系是什么？

4-4 变压器的绕制步骤有哪些？

◉ 项目 5

三相异步电动机的检修与维护

● 项目描述

电动机是将电能转换成机械能的装置。广泛应用于现代各种机械中作为驱动。工业生产中广泛应用着交流电动机，特别是三相异步电动机，它具有结构简单、易于控制、效率高和功率大等许多优点。

通过本项目的学习，我们应该掌握三相异步电动机的结构和工作原理，学会拆卸和装配三相异步电动机，学会三相异步电动机的Y和△联结及测试，并能对三相异步电动机进行检修和维护。

5.1 项目演练 三相异步电动机的拆装

5.1.1 穿戴与使用绝缘防护用具

进入实训或者工作现场着装必须穿工作服（长袖）、戴安全帽。安全帽必须系紧帽带，长袖工作服不得卷袖。进入现场必须穿合格的工作鞋，任何人不得穿高跟鞋、网眼鞋、钉子鞋、凉鞋、拖鞋等进入现场。在有机械转动环境中工作的人员不许戴手套、系领带和围巾。

1）确认自己已经戴上了安全帽。

2）确认自己已经穿上了工作服、工作鞋。

5.1.2 仪器仪表、工具与材料的领取与检查

1. 所需仪器仪表、工具与材料

本项目需用到三相笼型异步电动机、万用表、干电池3V、常用电工工具、拉具、绝缘电阻表和电桥。

2. 领取仪器仪表、工具与材料

领取三相异步电动机、万用表等器材后，将对应的参数填写到表5-1中。

表 5-1 仪器仪表、工具与材料领取表

序号	名 称	型 号	规格与主要参数	数 量	备 注
1	三相笼型异步电动机				
2	万用表				
3	干电池				
4	绝缘电阻表				
5	电桥				

3. 检查领到的仪器仪表与工具

1）三相笼型异步电动机是否正常。

2）万用表、干电池等是否正常。

5.1.3　三相异步电动机的拆卸

三相异步电动机的结构如图5-1所示。

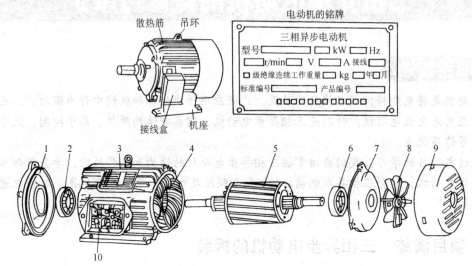

图5-1　三相异步电动机的结构

1—端盖　2—轴承　3—机座　4—定子　5—转子
6—轴承　7—端盖　8—风扇　9—风扇罩　10—接线盒

1）拆卸前作好必要的记录。

2）拆卸联轴器或传动带轮。先在联轴器或传动带轮的轴伸端作好尺寸标记，如图5-2所示，取下联轴器或传动带轮上的定位螺钉或销子，装上拉具，如图5-3所示，拉具丝杠尖端对准电动机转轴中心，转动丝杠，慢慢将联轴器或皮带轮拉出。若拉不出，不可硬拉，在定位螺孔内注入煤油，几小时后再拉。**注意**：在拆卸过程中，不可以用锤子直接敲打联轴器或传动带轮，以防碎裂或使电动机轴变形。

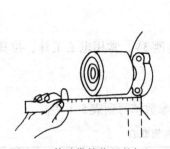

图5-2　传动带轮位置的标记

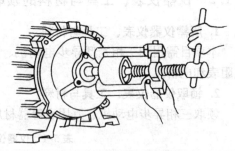

图5-3　联轴器的拆卸

3）拆卸轴承盖和端盖。卸下轴承盖螺栓，拆下轴承盖外盖，在端盖与机座接缝处的任一位置作好复位记号。卸下端盖螺栓，然后用锤子均匀向外敲打端盖四周（敲打时垫上垫木），将端盖取下。

小型电动机只拆卸风扇一侧的端盖，同时将另一侧的端盖螺栓拆下，将转子、端盖和风扇一起抽出。

4）抽出转子。将转子连同后端盖一起取出。抽出转子的过程中，应小心缓慢，特别要注意不可歪斜着往外抽，应始终沿着转子轴径的中心线向外移动，防止转子碰伤定子绕组。转子抽出后，当重心移到机外后需垫支架，并包好轴伸端，以免弄伤或碰坏。

5）拆卸轴承。一般使用拉具拆卸。选用大小合适的拉具，其丝杠中心对准电动机的转轴中心，开始拉力要小，将轴承慢慢拉出。如轴承良好，则不必拆卸，如图5-4所示。训练时可以不进行轴承拆卸。

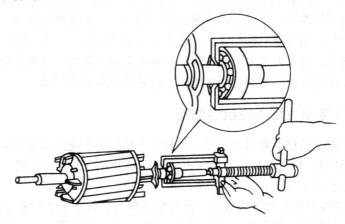

图5-4 轴承的拆卸

5.1.4 三相异步电动机的装配

三相异步电动机的装配顺序与拆卸顺序大致相反具体如下：

1）清洗电动机内部，擦去污物、灰尘，用高压风机或手风器吹净，检查轴承中的润滑油，并及时添加润滑油。在绕组端喷上一层灰磁漆以加强绝缘和防潮，待油漆干后再进行装配。

2）装轴承。在轴和轴承配合部位涂上润滑油后，把轴承套在轴上，用一根长约300mm、内径大于轴承直径的铁管，一端顶在轴承的内圈上，用锤子敲打铁管的另一端，将轴承逐渐敲打到位，如图5-5所示。

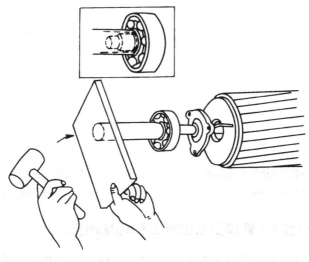

图5-5 轴承的安装

3）安装后端盖。将轴伸端朝下垂直放置，在其端面上垫上木板，将后端盖套在后轴承上，用木锤敲打，将其敲打到位。接着安装轴承外盖，外盖的槽内同样加上润滑油。用螺栓连接轴承内外盖并紧固。

4）安装转子。把转子对准定子孔中心，然后沿着定子圆周的中心线缓缓向定子里送，不得碰擦定子绕组。当端盖与机座合拢时，应将拆卸时所作的端盖与机座间的位置标记对齐，然后装上端盖螺栓并旋紧。

5）安装前端盖。将前端盖对准与机座的标记，用木锤均匀敲打端盖四周，不可单边着力，并拧紧端盖的紧固螺栓。拧紧前后端盖的紧固螺栓时，也要四边着力，要按对角线上下左右逐步拧紧。然后再装前轴承外端盖，先在外轴承盖孔内插入一根螺栓，一手顶住螺栓，另一手缓慢转动转轴，轴承内盖也随之转动，当手感觉到轴承内外盖螺孔对齐时，就可以将螺栓拧入内轴承盖的螺孔内，再装另两根螺栓。此螺栓也应逐步拧紧。

5.1.5　三相异步电动机定子绕组的测定

用万用表、干电池等仪器和材料判断三相异步电动机定子绕组的首尾端。

1）找出同相绕组。把电动机的六个线头分开后，用万用表的电阻档，分别测出三个绕组的两个线头，分别为 U1/U2；V1/V2；W1/W2。

2）分清三相绕组各相的两个线头后，进行假设编号，按图 5-6 所示电路接线。使用指针式万用表的直流电压档，量程为 0～5V 或 0～10V，万用表与其中的一相绕组串联，另一相绕组串联电池和开关。闭合开关的瞬间，观察指针的偏转情况，若指针正偏，则电池正极的线头与万用表负极（黑表棒）所接的线头同为首端或尾端；若指针反偏，则电池正极的线头与万用表正极（红表棒）所接的线头同为首端或尾端；再将电池和开关接另一相的两个线头，进行测试，就可正确判别各相的首尾端。

3）验证。使用指针式万用表的直流电压档，把分开的三相异步电机 3 个首端连在一起，3 个尾端连在一起，其首端和尾端分别与万用表相连，如图 5-7 所示，用手轻轻转动转子，表头指针不动则说明首尾端正确；否则错误，需要重新测试。**注意**：此方法要求电动机内余有剩磁。

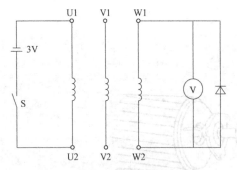 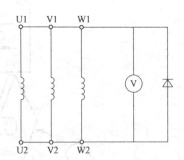

图 5-6　用万用表判断三相异步电动机　　　图 5-7　用万用表验证三相异步电动机
　　　　　定子绕组的首尾端　　　　　　　　　　　　定子绕组的首尾端

5.1.6　按照现代企业 8S 管理要求进行工作现场的整理

训练完成后，应及时对工作场地进行卫生清洁，使物品摆放整齐有序，保持现场的整洁、安全，做到标准化管理。

1）整理自己的工作场地，打扫现场卫生。

2）根据任务分工要求，打扫实训场地卫生。

3）根据工作现场要求，归位场地内的设施和设备。

4）拉闸断电，保证实训场地的安全。

5.1.7 仪器仪表、工具与材料的归还

仪器仪表、工具与材料使用完毕后应归还相应管理部门或单位。

1）归还三相笼型异步电动机。

2）归还万用表、干电池等。

5.2 相关知识介绍

5.2.1 三相异步电动机的结构与工作原理

电机分为电动机和发电机，是实现电能和机械能相互转换的装置，对使用者来讲，广泛接触的是各类电动机，最常见的是交流电动机。交流电动机，尤其是三相交流异步电动机，具有结构简单、制造方便、价格低廉、运行可靠、维修方便等一系列优点。因此，广泛应用于工农业生产、交通运输、国防工业和日常生活等许多方面。

1. 三相异步电动机的结构

图 5-8 为三相异步电动机的外形图。

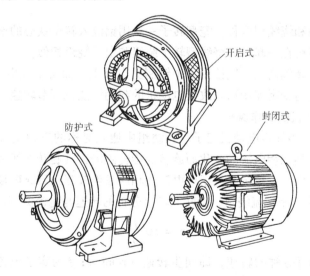

图 5-8 三相异步电动机的外形图

（1）定子 异步电动机的定子由定子铁心、定子绕组和机座等组成。

定子铁心是电动机的磁路部分，一般由 0.5mm 厚的硅钢片叠成，其内圆冲成均匀分布的槽，槽内嵌入三相定子绕组，绕组和铁心之间有良好的绝缘。

定子绕组是电动机的电路部分，由三相对称绕组组成，并按一定的空间角度依次嵌入定子槽内，三相绕组的首、尾端分别为 U1、V1、W1 和 U2、V2、W2，接线方式因电动机功率不同可联结星形（丫）或三角形（△）。其接法如图5-9所示。

机座一般由铸铁或铸钢制成，其作用是固定定子铁心和定子绕组，封闭式电动机外表面还有散热筋，以增加散热面积。

机座两端的端盖，用来支撑转子轴，并在两端设有轴承座。

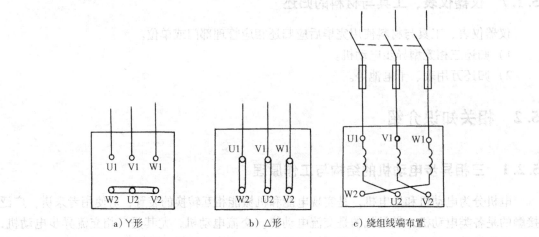

a) 丫形　　　　　b) △形　　　　　c) 绕组线端布置

图5-9　电动机接线

（2）转子　转子包括转子铁心、转子绕组和转轴。

转子铁心是由0.5mm厚的硅钢片叠成，压装在转轴上，外圆周围冲有槽，一般为斜槽，并嵌入转子导体。

转子绕组有笼型和绕线型两种，笼型转子一般用铝浇入转子铁心的槽内，并将两个端环与冷却用的风扇翼浇铸在一起；而绕线型转子绕组和定子绕组相似，三相绕组一般联结成星形，三个出线头通过转轴内孔分别接到三个铜制集电环上，而每个集电环上都有一组电刷，通过电刷使转子绕组与变阻器接通来改善电动机的起动性能或调节转速。

2. 三相异步电动机的工作原理

如图5-10所示，当异步电动机定子三相绕组中通入对称的三相交流电时，在定子和转子的气隙中形成一个随三相电流的变化而旋转的旋转磁场，其旋转磁场的方向与三相定子绕组中电流的相序相一致，三相定子绕组中电流的相序发生改变，旋转磁场的方向也跟着发生改变。对于 P 对极的三相交流绕组，旋转磁场每分钟的转速与电流频率的关系是

$$n = 60\frac{f}{p}$$

式中，n 为旋转磁场每分钟的转速，即同步转速（r/min）；f 为定子电流的频率（我国 f = 50Hz）；p 为旋转磁场的磁极对数。

如当 p = 2（四极）时，n = 60 × 50/2 = 1500r/min。

该旋转磁场切割转子导体，在转子导体中产生感应电动势（感应电动势的方向用右手定则判断）。由于转子导体通过端环相互连接形成闭合回路，所以在导体中产生感应电流。在旋转磁场和转子感应电流的相互作用下产生电磁力（电磁力的方向用左手定则判断），因

此，转子在电磁力的作用下沿着旋转磁场的方向旋转，转子的旋转方向与旋转磁场的旋转方向一致。

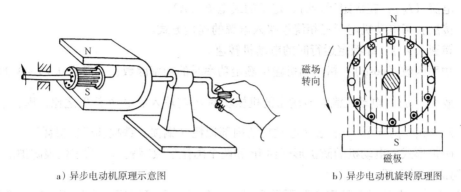

a）异步电动机原理示意图　　　　　b）异步电动机旋转原理图

图 5-10　三相异步电动机工作原理示意图

3. 三相异步电动机的铭牌

三相异步电动机的铭牌，如图 5-11 所示。

	三相异步电动机		
	型号 Y2 - 132S - 4	功率 5.5kW	电流 11.7A
频率 50Hz	电压 380V	接法 △	转速 1440r/min
防护等级 IP44	重量 68kg	工作制 SI	F 级绝缘
××电机厂			

图 5-11　三相异步电动机的铭牌

1）型号：表示电动机的机座形式和转子类型。国产异步电动机的型号用 Y（Y2）、YR、YZR、YB、YQB、YD 等汉语拼音字母来表示。其含义为：

Y——笼型异步电动机（容量为 0.75 ~ 315kW）。

YR——绕线转子异步电动机（容量为 4 ~ 75kW）。

YZR——起重机上用的绕线转子异步电动机。

YB——防爆式异步电动机。

YQB——浅水排灌异步电动机。

YD——多速异步电动机。

异步电动机型号的其他部分举例说明如下：

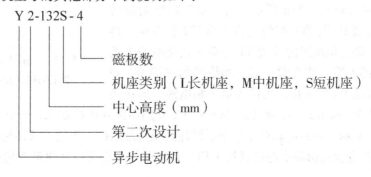

Y 2-132S - 4

　　磁极数

　　机座类别（L长机座，M中机座，S短机座）

　　中心高度（mm）

　　第二次设计

　　异步电动机

2）功率（P_N）：表示在额定运行时，电动机轴上输出的机械功率（kW）。

3）电压（U_N）：在额定运行时，定子绕组端应加的线电压值，一般为 380V。

4）电流（I_N）：在额定运行时，定子的线电流（A）。

5）接法：指电动机定子三相绕组接入电源的连接方式。

6）转速（n_N）：即额定运行时的电动机转速。

7）功率因数（$\cos\varphi$）：指电动机输出额定功率时的功率因数，一般为 0.75～0.90。

8）效率（η）：电动机满载时输出的机械功率 P_1 与输入的电功率 P_1 之比，即：$\eta = \dfrac{p_2}{p_1} \times 100\%$。其中 $p_1 - p_2 = \Delta p$。Δp 表示电动机的内部损耗（铜损、铁损和机械损耗）。

9）防护形式：电动机的防护形式由 IP 和两个阿拉伯数字表示，数字代表防护形式（如防尘、防溅）的等级。

10）温升：电动机在额定负载下运行时，自身高于环境温度的允许值。如允许温升为 80℃，周围环境温度为 35℃，则电动机所允许达到的最高温度为 115℃。电动机的允许温升一般与它的绝缘等级有关。

11）绝缘等级：由电动机内部所使用的绝缘材料决定的，它规定了电动机绕组和其他绝缘材料可承受的允许温度。目前 Y 系列电动机采用 B 级绝缘，最高允许温度为 130℃；Y2 系列采用 F 级绝缘；高压和大容量电动机采用 H 级绝缘，最高允许工作温度为 180℃。

12）工作制 SI：有连续、短时和间歇三种，分别用 S1、S2、S3 表示。

电动机接线前首先要用绝缘电阻表检查电动机的绝缘电阻。额定电压在 1000V 以下的，绝缘电阻不应低于 0.5MΩ。

5.2.2 三相异步电动机的绕组连接

三相异步电动机的三相定子绕组每相绕组都有两个引出线头。一头叫做首端，另一头叫尾端。规定第一相绕组首端用 U1 表示，末端用 U2 表示；第二相绕组首端用 V1 表示，末端用 V2 表示；第三相绕组首末端分别用 W1 和 W2 来表示。这六个引出线头接入接线盒的接线柱上，接线柱相应地标出 U1～W2 的标记，如图 5-12 所示。

三相定子绕组的六根端头可将三相定子绕组联结成星形或三角形。星形联结是将三相绕组的末端并联起来，即将 U2、V2、W2 三个接线柱用铜片联结在一起，而将三相绕组首端分别接入三相交流电源，即将 U1、V1、W1 分别接入 A、B、C 相电源，如图 5-13a 所示。而三角形联结则是将第一相绕组的首端 U1 与第三相绕组的末端 W2 相连接，再接入一相电源；第二相绕组的首端 V1 与第一相绕组的末端 U2 相连接，再接入第二相电源；第三相绕组的首端 W1 与第二相绕组的末端 V2 相连接，再接入第三相电源。即在接

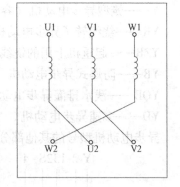

图 5-12 三相异步电动机定子绕组的接线盒内端子图

线板上将接线柱 U1 和 W2、V1 和 U2、W1 和 V2 分别用铜片连接起来，再分别接入三相电源，如图 5-13b 所示。一台电动机是星形联结还是三角形联结，由技术条件规定，我国规定凡 4kW 及以上的笼型三相异步电动机均采用三角形联结，也可以从电动机铭牌上查到。三

相定子绕组的首末端是生产厂家事先设定好的，绝不可任意颠倒，但可将三相绕组的首末端一起颠倒，例如将三相绕组的末端 U2、V2、W2 倒过来作为首端，而将 U1、V1、W1 作为末端，但绝不可单独将一相绕组的首末端颠倒，否则将产生接线错误。如果接线盒中发生接线错误，或者绕组首末端弄错，轻则电动机不能正常起动，长时间通电造成起动电流过大，电动机发热严重，影响寿命；重则烧毁电动机绕组，或造成电源短路。

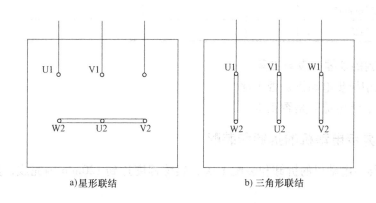

a) 星形联结   b) 三角形联结

图 5-13 三相异步电动机定子绕组接线图

当电动机没有铭牌，端子标号又弄不清楚时，必须使用仪表或其他方法确定三相绕组引出线的头尾，再正确接线。

通常，三相异步电动机绕组的判别有直流法、交流法和剩磁法等方法。直流法是判断三相异步电动机绕组首尾端比较常用的一种方法。

5.3 综合实训 三相异步电动机的拆装和测试

5.3.1 穿戴与使用绝缘防护用具

进入实训或者工作现场着装必须穿工作服（长袖）、戴安全帽。安全帽必须系紧帽带，长袖工作服不得卷袖。进入现场必须穿合格的工作鞋，任何人不得穿高跟鞋、网眼鞋、钉子鞋、凉鞋、拖鞋等进入现场。在有机械转动环境中工作的人员不许戴手套、系领带和围巾。

1）确认自己已经戴上了安全帽。

2）确认自己已经穿上了工作服、工作鞋。

5.3.2 仪器仪表、工具与材料的领取与检查

1. 所需仪器仪表、工具与材料

三相笼型异步电动机，万用表、干电池 3V、常用电工工具、拉具、绝缘电阻表、电桥。

2. 仪器仪表、工具与材料领取

领取三相异步电动机、万用表等器材后，将对应的参数填写到表 5-2 中。

表 5-2　仪表、工具与材料领取表

序号	名称	型号	规格与主要参数	数量	备注
1	三相笼型异步电动机				
2	万用表				
3	干电池				
4	绝缘电阻表				
5	电桥				

3. 检查领到的仪器仪表与工具

1）三相笼型异步电动机是否正常。

2）万用表、干电池等是否正常。

5.3.3　三相异步电动机的拆卸和装配

完成三相异步电动机的拆卸和装配 1 次，熟练程度达到 120min 内完成，具体要求见表 5-3。

表 5-3　训练内容与要求

序号	训练内容	操作步骤	时长	完成情况记录
1	三相异步电动机的拆卸	记录： 拆卸联轴器或传送带轮： 拆卸轴承盖和端盖： 抽出转子： 拆卸轴承：	60min	
2	三相异步电动机的装配	步骤 1： 步骤 2： 步骤 3： 步骤 4： 步骤 5：	60min	

5.3.4　三相异步电动机的测试

具体训练内容与要求见表 5-4。

表 5-4　训练内容与要求

序号	训练内容	操作过程记录	限时	完成情况记录
1	用万用表判断三相异步电动机的各相绕组	A 相电阻： B 相电阻： C 相电阻：	3min	
2	用电桥测量三相异步电动机各相绕组的直流电阻	A 相电阻： B 相电阻： C 相电阻：	5min	

（续）

序号	训 练 内 容	操 作 过 程 记 录	限时	完成情况记录
3	用绝缘电阻表测量三相异步电动机绕组之间和绕组与外壳之间的绝缘电阻	AB 相绝缘电阻： AC 相绝缘电阻： BC 相绝缘电阻： A 相对外壳绝缘电阻： B 相对外壳绝缘电阻： C 相对外壳绝缘电阻：	3min	
4	用万用表和干电池判断三相异步电动机各相绕组的首尾端	接线要求： 操作现象： 结论：	5min	

5.3.5 按照现代企业 8S 管理要求进行工作现场的整理

训练完成后，应及时对工作场地进行卫生清洁，使物品摆放整齐有序，保持现场的整洁、安全，做到标准化管理。

1）整理自己的工作场地，打扫现场卫生。

2）根据任务分工要求，打扫实训场地卫生。

3）根据工作现场要求，归位场地内的设施和设备。

4）拉闸断电，保证实训场地的安全。

5.3.6 仪器仪表、工具与材料的归还

仪器仪表、工具与材料使用完毕后应归还相应管理部门或单位

1）归还三相笼型异步电动机。

2）归还万用表、干电池等。

5.4 考核评价

考核评价表见表 5-5。

表 5-5 考核评价表

考核项目	考 核 内 容	考核方式	百分比
态度	1）能按照现场管理要求（整理、整顿、清扫、清洁、素养、安全、节约、环保）安全文明生产 2）能严格按照工艺文件拆装三相异步电动机 3）具有团队合作精神，具有一定的组织协调能力	学生自评 + 学生互评 + 教师评价	30%
技能	1）会拆装和维护三相异步电动机 2）会查找相关资料 3）会撰写项目报告	教师评价 + 学生互评 + 学生自评	40%
知识	1）掌握三相异步电动机的工作原理、结构等基本知识 2）掌握三相异步电动机的绕组测试相关知识	教师评价	30%

习题与思考题

5-1 三相异步电动机由哪些部件构成？其作用各是什么？

5-2 说明三相异步电动机的转动原理？

5-3 三相异步电动机的铭牌有哪些内容？

5-4 三相异步电动机的丫联结和△联结在接线柱上如何接线？

5-5 如何使用万用表、干电池等判断绕组？

5-6 在使用万用表判断三相异步电动机定子绕组首尾端的时候，可否用直流电压表或者直流电流表代替万用表？

吊扇的安装与维护

项目描述

　　吊扇是人们夏季常用的消暑电器，它与台式电扇原理相同，都是靠电动机的转动带动扇叶，产生风来使空气对流，带走热量，一般是固定安装在天花板上，所以称为吊扇。吊扇一般采用单相异步电动机驱动。单相异步电动机是利用单相交流电源供电的一种小容量交流电机，由于其结构简单、成本低廉、运行可靠、维修方便，并可以直接在单相220V交流电源上使用，因此被广泛用于办公场所、家用电器等方面，在工农业生产及其他领域中单相异步电动机的应用也越来越广泛，如台扇、吊扇、洗衣机、电冰箱、吸尘器、电钻、小型鼓风机、小型机床、医疗器械等均需要单相异步电动机驱动。

　　通过本项目的学习，要求学生掌握单相异步电动机的结构原理，熟悉吊扇的组成、旋转、调速原理，能完成吊扇的拆装与维护维修。

6.1 项目演练 吊扇的安装调试

6.1.1 穿戴与使用绝缘防护用具

　　进入实训或者工作现场必须穿工作服（长袖）、戴安全帽。戴安全帽时必须系紧帽带，穿长袖工作服时不得将袖卷起。进入现场必须穿合格的工作鞋，任何人不得穿高跟鞋、网眼鞋、钉子鞋、凉鞋、拖鞋等进入现场。在有机械转动环境中工作的人员不许戴手套、系领带和围巾。

　　在进入现场前应确认：

　　1）自己已经戴上了安全帽。

　　2）自己已经穿上了工作鞋。

6.1.2 仪器仪表、工具与材料的领取与检查

1. 所需仪器仪表、工具与材料

本项目需用到吊扇、电工常用工具、万用表、安全帽、工作鞋、导线和电工绝缘胶带。

2. 领取仪器仪表、工具与材料

领取吊扇等器材后，将对应的参数填入表6-1中。

表6-1 仪器仪表、工具与材料领取表

序号	名 称	型 号	规格与主要参数	数 量	备 注
1	吊扇				
2	电工绝缘胶带				
3	导线				

3. 检查领到的仪器仪表与工具

检查领到的吊扇等器材是否完好。

6.1.3 吊扇的安装

图6-1所示为常用吊扇的结构示意图。吊扇一般的安装步骤见表6-2。

图6-1 常用吊扇的结构示意图

表6-2 吊扇一般的安装步骤

序号	步 骤	方 法	完成情况
1	固定吊装	1）若是木板天花板，则将固定座及吊架直接用木螺钉钻在木方上 2）若是混凝土天花板，则用电钻钻孔，将膨胀螺钉固定在天花板上，再将固定座及吊架安装上去	
2	安装吊管	选用吊管，依天花板高度选用适当长度的吊管，吊扇叶子距地面不可低于2.3m	
3	安装叶片、叶片架	将叶片固定螺钉先穿入叶片固定弹簧垫片，再将叶片固定在叶片架上，固定叶片架到电动机上	
4	安装吊球于吊架	用接线头连接吊扇出口线和电源线，将吊球置入吊架，转动吊杆，使吊球凹沟和吊架凸耳啮合	
5	接电源线	电容的两根线与吊扇引出的红、蓝色线连接，然后红色线再与开关或调速器连接，开关或调速器再与电源的相线连接，黑色线与电源零线连接。如果引出线的颜色不能分辨，可以利用万用表分别测量三根引线中两两之间的电阻值，测量出 $R_大$、$R_中$、$R_小$ 三个值，$R_大$ 的两根线接电容，剩下的一根接电源零线，电源的相线接在 $R_小$ 的另一根引线上	

（续）

序号	步　骤	方　　法	完成情况
6	安装吊钟	先将吊架两侧的吊钟固定螺钉退出 2~3 圈，不需完全退出。将吊钟缺口对准螺钉往上及向右旋转至定点（最左端），再用螺钉旋具固紧螺钉即可完成吊钟的安装	
7	开关切换	拉式开关控制吊扇的高、中、低三段转速，正反转开关控制叶片的旋转方向	

6.1.4　按照现代企业 8S 管理要求进行工作现场的整理

训练完成后，应及时对工作场地进行卫生清洁，使物品摆放整齐有序，保持现场的整洁、安全，做到标准化管理。

1）整理自己的工作场地，打扫现场卫生。

2）根据任务分工要求，打扫实训场地卫生。

3）根据工作现场要求，归位场地内的设施和设备。

4）拉闸断电，保证实训场地的安全。

6.1.5　仪器仪表、工具与材料的归还

仪器仪表、工具与材料使用完毕后应归还相应管理部门或单位。

1）整理工作台和器件，归还吊扇和电工常用工具。

2）归还安全帽、工作鞋及相关材料。

6.2　相关知识介绍

6.2.1　单相异步电动机的结构

单相异步电动机的结构原理和三相异步电动机大体相似，一般也是由定子和转子两大部分组成。定子部分由定子铁心、定子绕组、机座和端盖等部分组成，其主要作用是通入交流电，产生旋转磁场。定子铁心大多用 0.35mm 硅钢片冲槽后叠压而成，槽形一般为半闭口槽，槽内嵌放定子绕组，如图 6-2 所示。定子铁心的作用是作为磁通的通路。单相异步电动机定子绕组一般都采用两相绕组的形式，即工作绕组（又称为主绕组）和起动绕组（又称为辅助绕组）。工作、起动绕组的轴线在空间相差 90° 电角度，两相绕组的槽数和绕组匝数可以相同，也可以不同，视不同种类的电动机而定。定子绕组的作用是通入交流电，在定、转子及空气隙中形成旋转磁场。定子绕组一般均由高强度聚酯漆包线事先在绕线模上绕好后，再嵌放在定子铁心槽内，并需进行浸漆、烘干等绝缘处理。

机座一般均用铸铁、铸铝或钢板制成，其作用是固定定子铁心，并借助两端端盖与转子连成一个整体，使转轴上输出机械能。单相异步电动机机座通常有开启式、防护式和封闭式等几种。开启式结构和防护式结构其定子铁心和绕组外露，由周围空气直接通风冷却，多用

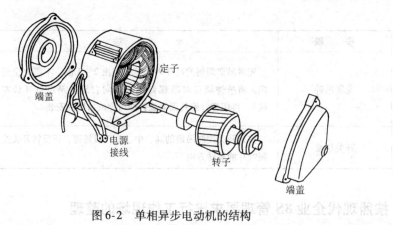

图 6-2　单相异步电动机的结构

于与整机装成一体的场合使用，如图 6-3 所示的电容运行台扇电动机。封闭式结构则是整个电动机均采用密闭方式，电动机内部与外界完全隔绝，以防止外界水滴、灰尘等浸入，电动机内部散发的热量由机座散出，有时为了加强散热，可再加风扇冷却。

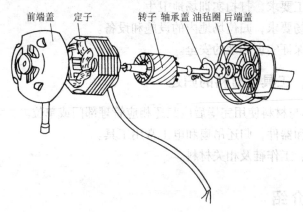

图 6-3　电容运行台扇电动机结构

由于单相异步电动机体积、尺寸都较小，且往往与被拖动机械组成一体，因而其机械部分的结构有时与三相异步电动机有较大的区别，例如有的单相异步电动机不用机座，而直接将定子铁心固定在前、后端盖中间，如图 6-3 中的电容运行台扇电动机。也有的采用立式结构，且转子在外圆，定子在内圆的外转子结构形式，如图 6-4 中的电容运行吊扇电动机。转子部分由转子铁心、转子绕组和转轴等部分组成，其作用是导体切割旋转磁场，产生电磁转矩，拖动机械负载工作。

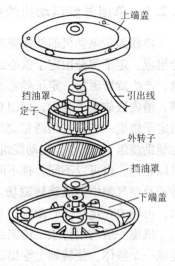

图 6-4　电容运行吊扇电动机结构

单相异步电动机的转子绕组均采用笼型结构，一般均用铝或铝合金铸造而成。转轴用碳钢或合金钢加工而成，轴上压装转子铁心，两端压上轴承，常用的有滚动轴承和含油滑动轴承。

6.2.2 单相异步电动机的工作原理

当向单相异步电动机的定子绕组中通入单相交流电后，所产生的磁场是一个脉动磁场，该磁场的轴线在空间固定不变，磁场的大小及方向在不断地变化。

由于磁场只是脉动而不旋转，因此单相异步电动机的转子如果原来静止不动的话，则在脉动磁场作用下，转子导体因与磁场之间没有相对运动，而不产生感应电动势和电流，也就不存在电磁力的作用，因此转子仍然静止不动，即单相异步电动机没有起动转矩，不能自行起动。这是单相异步电动机的一个主要缺点。如果用外力拨动一下电动机的转子，则转子导体就切割定子脉动磁场，从而产生感应电动势和电流，并将在磁场中受到电磁力的作用，与三相异步电动机转动原理一样，转子将顺着拨动的方向转动起来。单相异步电动机根据起动方法的不同可以分为电容分相、电阻分相和罩极式三种。

单相电容式异步电动机的定子铁心上嵌放有两套绕组，即工作绕组 U1、U2（又称主绕组）和起动绕组 Z1、Z2（又称副绕组），它们的结构基本相同，但在空间相差 90° 电角度。将电容串入单相异步电动机的起动绕组中，并与工作绕组并联接到单相电源上，选择适当的电容容量，在工作绕组和起动绕组中可以获得不同相位的电流，从而获得旋转磁场，单相异步电动机的笼型转子在该旋转磁场的作用下，获得起动转矩而旋转。若此时通过离心开关将电容和起动绕组切除，这类电动机就称为电容起动单相异步电动机。若电容和起动绕组一直参与运行，则这类电动机称为电容运行单相异步电动机。

电容运行单相异步电动机结构简单、使用维护方便，只要任意改变起动绕组（或主绕组）首端和末端与电源的接线，即可改变旋转磁场的转向，从而实现电动机的反转。电容运行单相异步电动机常用于台扇、吊扇、洗衣机、电冰箱、通风机、录音机、复印机、电子仪表仪器及医疗器械等各种空载或轻载起动的机械上。图6-3 及图6-4 分别为电容运行台扇电动机和电容运行吊扇电动机的结构图。

为了综合电容起动单相异步电动机和电容运行单相异步电动机各自的优点，近来又出现了一种电容起动电容运行单相电动机（简称双电容单相电动机），即在起动绕组上接有两个电容 C_1 及 C_2。如图6-5 所示，其中电容 C_1 仅在起动时接入，电容 C_2 则在全过程中均接入。这类电动机主要用于要求起动转矩大，功率因数较高的设备上，如电冰箱、水泵和小型机床等。

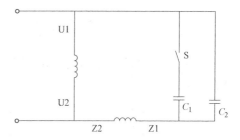

图6-5 双电容单相异步电动机

单相异步电动机的使用大体上与三相异步电动机相仿。在电动机的运行过程中也要经常注意电动机转速是否正常，能否正常起动，温升是否过高，是否有焦臭味，在运行中有无杂音和振动等。由于单相异步电动机是使用单相交流电源供电，因此在起动及运行中容易出现电动机无法起动或转速不正常等故障。这主要是由于单相异步电动机某组定子绕组断路、起动电容故障、离心开关故障、电动机负载过重等原因造成的。给单相异步电动机加上单相交流电源后，如发现电动机不转，必须立即切断电源，以免损坏电动机。发现上述情况，必须查出故障原因。在故障排除后，再通电试运行。其中最常碰到的现象是给单相异步电动机加上单相交流电源后，电动机不转，但如果去拨动一下电动机转子，则电动机就顺着拨动的方向旋转起来，这主要是起动绕组电路断开所致，也可能是电动机长期未清洗，阻力太大或拖动的负载太大引起的。

6.2.3　单相异步电动机的调速

单相异步电动机的调速原理与三相异步电动机一样，可以用改变电源频率（变频调速）、改变电源电压（调压调速）和改变绕组的磁极对数（变极调速）等多种方法，其中目前使用最普遍的是调压调速。调压调速有两个特点：一是电源电压只能从额定电压往下调，因此电动机的转速只能从额定转速往低调；二是因为异步电动机的电磁转矩与电源电压平方成正比，因此电压降低时，电动机的转矩和转速都下降，所以这种调速方法只适用于转矩随转速下降而下降的负载（称为通风机负载），如风扇、鼓风机等。常用的调压调速又分为串电抗器调速、自耦变压器调速、串电容调速、绕组抽头法调速和PTC元件调速等多种，下面分别予以介绍。

1. 串电抗器调速

电抗器为一个带抽头的铁心电感线圈，串联在单相电动机电路中起调压作用，通过调节抽头来改变电压，从而使电动机获得不同的转速，如图6-6所示。当开关S在1档时电动机转速最高，在5档时转速最低。开关S有旋钮开关和琴键开关两种，这种调速方法接线方便、结构简单，维修方便，常用于简易的家用电器，如台扇、吊扇中。缺点是电抗器本身会消耗一定的功率，且电动机在低速档起动性能较差。

2. 自耦变压器调速

加在单相异步电动机上电压的调节可通过自耦变压器来实现，如图6-7所示。该电路是使整台电动机降压运行。

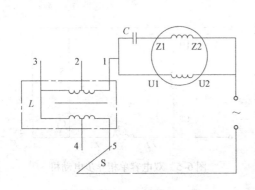

图6-6　串电抗器调速电路

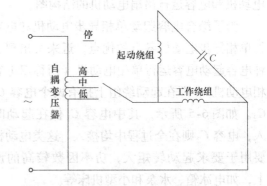

图6-7　自耦变压器调速电路

3. 串电容调速

将不同容量的电容器串入单相异步电动机电路中，也可调节电动机的转速，由于电容器容抗与电容量成反比，故电容量越大，容抗就越小，相应的电压也越小，电动机转速就高；反之，电容量越小，容抗就越大，电动机转速就低。图6-8为具有三档速度的串电容调速电路，图中电阻R_1及R_2为泄放电阻，在断电时将电容器中的电能泄放掉。

由于电容器具有两端电压不能突变这一特点，因此在电动机起动瞬间，调速电容器两端电压为零，即电动机上的电压为电源电压，因此，电动机起动性能好。正常运行时电容器上无功率损耗，故效率较高。

4. 绕组抽头法调速

这种调速方法是在单相异步电动机定子铁心上再嵌放一个调速绕组（又称中间绕组），它与工作绕组及起动绕组连接后引出几个抽头，如图 6-9 所示。中间绕组起调节电动机转速的作用。这样就省去了调速电抗器铁心，降低了产品成本，节约了电抗器上的能耗，缺点是使电动机的嵌线比较困难，引出线头较多，接线也较复杂。

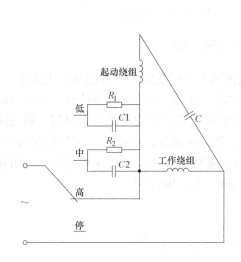

图 6-8　串电容调速电路

图 6-9　电容电动机的绕组抽头法调速电路

5. PTC 元件调速

要有微风档的电风扇中，常采用正温度系数热敏电阻（PTC）元件调速电路。所谓微风，是指电扇转速在 500r/min 以下送出的风，如果采用一般的调速方法，电扇电动机在这样低的转速下往往难以起动，较为简单的方法就是利用 PTC 元件的特性来解决这一问题。图 6-10a 为 PTC 元件的工作特性，当温度 t 较低时，PTC 元件本身的电阻值很小，当高于一定温度后（图中 A 点以上，称居里温度），呈高阻状态，这种特性正好满足微风档的调速要求。图 6-10b 即为风扇微风档的 PTC 元件调速电路，在电扇起动过程中，电流流过 PTC 元件，电流的热效应使 PTC 元件温度逐步升高，当达到居里温度时，PTC 元件的电阻值迅速增大，使电扇电动机上的电压迅速下降，进入微风档运行。

6.2.4　单相异步电动机的正反转控制

单相异步电动机的转向与旋转磁场的转向相同，因此要使单相异步电动机反转就必须改变旋转磁场的转向，其方法有两种：一种是把工作绕组（或起动绕组）的首端和末端与电源的接线对调；另一种是把电容器从一组绕组中改接到另一组绕组中（此法只适用于电容运行单相异步电动机）。

洗衣机的洗涤桶在工作时经常需改变旋转方向，由于其电动机一般均为电容运行单相异

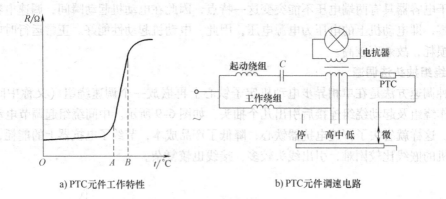

a) PTC元件工作特性　　　　　　b) PTC元件调速电路

图6-10　PTC元件工作特性和调速电路

步电动机，故一般均采用将电容器从一组绕组中改接到另一组绕组中的方法来实现正反转，其电路如图6-11所示。点划线方框内为机械式定时器，S1及S2是定时器的触点，由定时器中的凸轮控制它们接通或断开，其中触点S1的接通时间就是电动机的通电时间，即洗涤与漂洗的定时时间，在该时间内，触点S2与上面的触点接通时，电容C与工作绕组接通，电动机正转；当S2悬空时，电动机停转；当S2与下面触点接通时，电容C与起动绕组接通，电动机反转，正转、停止、反转的时间大约为30s、5s、30s左右。

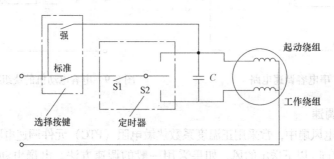

图6-11　单相异步电动机的正反转电路

6.3　综合实训　吊扇的安装调试

某单位新买进一批吊扇，要求学生分组按时按要求进行安装与调试。

6.3.1　穿戴与使用绝缘防护用具

进入实训室或者工作现场，必须穿工作服（长袖）、戴安全帽。安全帽必须系紧帽带，长袖工作服不得卷袖。进入现场必须穿合格的工作鞋，任何人不得穿高跟鞋、网眼鞋、钉子鞋、凉鞋、拖鞋等进入现场。在有机械转动环境中工作的人员不许戴手套、系领带和围巾。

1）确认自己已经戴上了安全帽。

2）确认自己已经穿上了工作服、工作鞋。

6.3.2 仪器仪表、工具与材料的领取

1. 所需仪器仪表、工具与材料

吊扇、电工常用工具、万用表、安全帽、工作鞋、导线和电工绝缘胶带。

2. 仪器仪表、工具与材料领取

领取吊扇等器材后，将对应的参数填入表6-3中。

表6-3 仪器仪表、工具与材料领取表

序号	名称	型号	规格与主要参数	数量	备注
1	吊扇				
2	电工绝缘胶带				
3	导线				

6.3.3 完成吊扇安装调试

学生分组完成吊扇的安装与调试1次，要求45min完成该项目。

具体训练内容与要求如表6-4所示。

表6-4 吊扇安装调试步骤与要求

序号	训练内容	具体要求	限时	完成情况记录
1	固定吊装		5min	
2	安装吊管		5min	
3	安装叶片、叶片架		5min	
4	安装吊球于吊架		5min	
5	接电源线		5min	
6	安装吊钟		5min	
7	开关切换		5min	
8	自检		5min	
9	通电试验		5min	

6.3.4 按照现代企业8S管理要求进行工作现场的整理

训练完成后，应及时对工作场地进行卫生清洁，使物品摆放整齐有序，保持现场的整洁、安全，做到标准化管理。

1）整理自己的工作场地，打扫现场卫生。

2）根据任务分工要求，打扫实训场地卫生。

3）根据工作现场要求，归位场地内的设施和设备。

4）拉闸断电，保证实训场地的安全。

6.3.5 仪器仪表、工具与材料的归还

整理工作台和器件，归还吊扇和电工常用工具。归还安全帽、工作鞋及相关材料。

6.4 考核评价

考核评价表见表 6-5。

表 6-5 考核评价表

考核项目	考 核 内 容	考核方式	百分比
态度	1）能按照现场管理要求（整理、整顿、清扫、清洁、素养、安全、节约、环保）安全文明生产 2）能严格按照正确的步骤完成吊扇的安装与维护 3）具有团队合作精神，具有一定的组织协调能力	学生自评 + 学生互评 + 教师评价	30%
技能	1）会按照要求正确选择元器件 2）会根据安装接线图合理布置各元器件 3）能按照正确的步骤完成吊扇的安装与维护 4）要求布线正确、美观，接点无松动 5）会查找相关资料 6）会撰写项目报告并答辩	教师评价 + 学生互评 + 学生自评	40%
知识	1）掌握单相异步电动机结构、原理等知识 2）掌握吊扇的检修与维护技能	教师评价	30%

习题与思考题

6-1 试述单相异步电动机的基本工作原理？

6-2 单相异步电动机起动方法有哪些？电容起动、电容运行、双电容单相异步电动机各有何特点？

6-3 单相异步电动机调速方法有哪几种？

6-4 说明单相异步电动机串电抗器调速的原理？

6-5 改变单相异步电动机的旋转方向有哪几种方法？

低压电器的拆装与维护

📀 项目描述

　　低压电器指的是工作在交流 1000V 或直流 1200V 以下电路中的各种电器元件的总称。根据其在电气线路中所处的地位和作用不同，低压电器可分为低压配电电器和低压控制电器两大类。低压配电电器，如刀开关、熔断器和低压断路器等，主要用于低压配电系统及动力设备中。低压控制电器，如接触器、控制继电器、主令电器、控制器、电阻器和电磁铁等，主要用于电力拖动系统和自动控制设备中。为保证电力输配、电力拖动和自动控制系统安全可靠地运行，必须正确地选择、安装和使用各种低压电器。低压电器长时间运行或使用不当会发生各种故障，需要及时地修理和调整。因此，选用、更换、修理和调整低压电器，是电气技术人员的一项基本操作。

　　通过本项目的学习，要求学生熟悉低压电器的基本结构、工作原理和选择，能按要求完成交流接触器的拆装，会进行电流继电器动作值的整定，能完成常用低压电器常见故障的分析与处理。

7.1　项目演练　交流接触器的拆装

7.1.1　穿戴与使用绝缘防护用具

　　进入实训或者工作现场必须穿工作服（长袖）、戴安全帽。戴安全帽时必须系紧帽带，穿长袖工作服时不得将袖卷起。进入现场必须穿合格的工作鞋，任何人不得穿高跟鞋、网眼鞋、钉子鞋、凉鞋、拖鞋等进入现场。在有机械转动环境中工作的人员不许戴手套、系领带和围巾。

　　任何人进入现场前必须确认：

　　1）自己已经戴上了安全帽。

　　2）自己已经穿上了工作鞋。

7.1.2　仪器仪表、工具与材料的领取与检查

1. 所需仪器仪表、工具与材料

　　本项目需用到交流接触器、电工常用工具、干电池、指示灯、安全帽、工作鞋、BVR-2.5mm² 和 BVR-1mm² 导线。

2. 领取仪器仪表、工具与材料

　　领取交流接触器、电工常用工具等器材后，将对应的参数填写到表 7-1 中。

表 7-1 仪器仪表、工具与材料领取表

序号	名 称	型 号	规格与主要参数	数 量	备 注
1	交流接触器				
2	电工常用工具				
3	干电池				
4	指示灯				
5	导线				

3. 检查领到的仪器仪表与工具

1）检查安全等级。

2）检查部件是否损坏。

3）检查触头接触是否良好。

7.1.3 交流接触器的拆装

图 7-1 所示为常用交流接触器的结构示意图。交流接触器主要由三大部分组成：触头系统、电磁系统和灭弧系统。根据表 7-2 完成交流接触器的拆卸，并将具体完成情况填入表中。

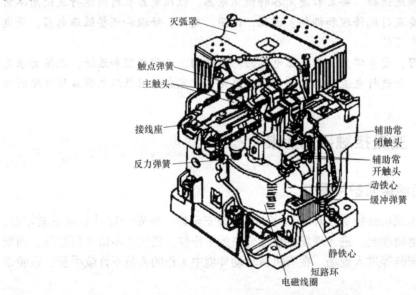

图 7-1 交流接触器的结构示意图

表 7-2 交流接触器的拆卸过程

序号	步 骤	方 法	完成情况
1	拆下灭弧罩	拆下灭弧罩上面的螺钉，取下灭弧罩	
2	拆下触头	1）用手向上拉起主触头弹簧上的拉杆，即可从侧面抽出上触头的动触桥，从而可以对主触头进行检修 2）拧出主触头与接线座铜条上的螺钉，即可将静主触头取下	

（续）

序号	步　骤	方　　法	完成情况
3	拉出弹簧	1）将接触器倒置，底部朝上，拧下底部胶木盖板上的四个螺栓，将盖板取下。拧螺钉时必须用另一只手压住胶木盖板，以防缓冲弹簧的弹力将盖板弹出 2）取下由胶木盖板压住的静铁心、金属框架及缓冲弹簧	
4	取下电磁线圈	1）拆除电磁线圈与胶木座之间的接线即可取下电磁线圈 2）取出动铁心及上部的缓冲弹簧。接触器的拆卸基本结束	
5	修理及装配	1）接触器需修理或更换的零部件主要是动、静主触头和电磁线圈 2）修理后交流接触器的装配可按与拆卸相反的步骤进行	

7.1.4　按照现代企业 8S 管理要求进行工作现场的整理

训练完成后，应及时对工作场地进行卫生清洁，使物品摆放整齐有序，保持现场的整洁、安全，做到标准化管理。

1）整理自己的工作场地，打扫现场卫生。

2）根据任务分工要求，打扫实训场地卫生。

3）根据工作现场要求，归位场地内的设施和设备。

4）拉闸断电，保证实训场地的安全。

7.2　相关知识介绍

7.2.1　交流接触器

接触器是在按钮或继电器的控制下，运用电磁铁的吸引力使动、静触头闭合或断开的控制电器，主要用来频繁地接通或分断交、直流电路以及远距离控制电器。接触器大多用来控制电动机，还可用来控制其他负载，如照明设备、电焊机、电热器等。

接触器的种类很多，按电压等级可分为高压与低压接触器；按电流种类可分为交流接触器和直流接触器；按操作机构可分为电磁式、液压式和气动式，但以电磁式接触器应用最广；按动作方式可分为直动式和转动式；按主触头的极数可分为单极、双极和三极等。下面主要介绍电磁式交流接触器。

1. 交流接触器的结构和符号

图 7-2 是交流接触器的符号和外形，CJ20 是常用交流接触器中的一个系列，除此之外，

还有 CJ0、CJ10、CJ12 等系列。交流接触器主要由触头系统、电磁系统和灭弧装置等部分组成。接触器的型号 C××-×/× 含义如下：C——接触器；第 2 位——接触器类别，J 表示交流，Z 表示直流；第 3 位——设计序号；第 4 位——主触头额定电流（A）；第 5 位——主触头数。

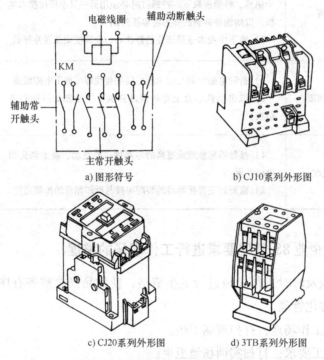

图 7-2　交流接触器的符号和外形

接触器的触头用来接通与断开电路。按其接触情况可分为点接触式、线接触式和面接触式三种，如图 7-3 a、b、c 所示；按其结构形式分为桥式触头和指形触头两种，其结构如图 7-3d、e 所示，交流接触器一般采用双断点桥式触头，即两个触头串于同一电路中，同时接通或断开电路。接触器的触头有主触头和辅助触头之分，主触头用于通断电流较大的主电路，一般由接触面较大的常开触头组成；辅助触头用于通断电流较小的控制电路，它由常开触头和常闭触头成对组成。接触器未工作时处于断开状态的触头称为常开触头（动合触头）；接触器未工作时处于接通状态的触头称为常闭触头（动断触头）。

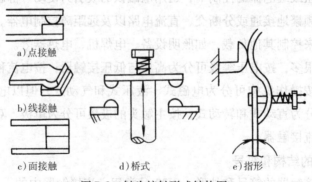

图 7-3　触头接触形式结构图

　　电磁机构是用来操纵触头的闭合和分断的，它由静铁心、电磁线圈和衔铁三部分组成。交流接触器的铁心一般用硅钢片叠压后铆成，以减少交变磁场在铁心中产生的涡流与磁滞损耗。交流接触器的线圈用绝缘的电磁线绕制而成，工作时并联接在控制电源两端，线圈的阻抗大、电流小。交流接触器的铁心上装有短路铜环，称为短路环，短路环的作用是减少交流接触器吸合时的振动和噪声。

　　交流接触器在分断大电流电路时，往往会在动、静触头之间产生很强的电弧，电弧会使触头烧伤，还会使电路切断时间加长，甚至会引起其他事故。因此，接触器都要有灭弧装置。灭弧装置如图 7-4 所示。

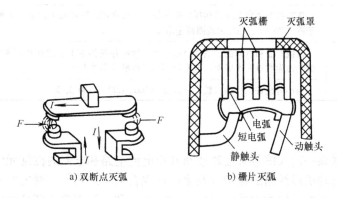

a) 双断点灭弧　　　　　　b) 栅片灭弧

图 7-4　灭弧装置

2. 交流接触器的工作原理

　　电磁式交流接触器的结构如图 7-5 所示。当接触器线圈通电后，它产生的电磁吸力克服弹簧的反作用力，将衔铁吸合并带动支架使动、静触头接触闭合，从而接通主电路。当线圈断电或电压显著下降时，由于电磁吸力消失或过小，衔铁与动触头在弹簧反作用力的作用下跳开，触头打开时产生电弧，但电弧在灭弧装置作用下迅速熄灭，最后切断主电路。

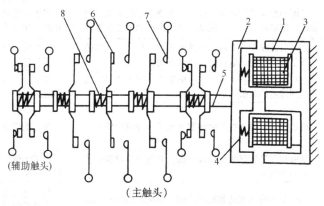

图 7-5　电磁式交流接触器结构

1—铁心　2—衔铁　3—线圈　4—复位弹簧

5—绝缘支架　6—动触头　7—静触头　8—触头弹簧

3. 交流接触器的主要技术参数

交流接触器的主要技术参数见表7-3。

表7-3 交流接触器的主要技术参数

项 目	符号	含义及标准
额定电压	U_N	在规定条件下，保证接触器正常工作的电压值。通常，最大工作电压即为额定绝缘电压，指主触头的额定工作电压
额定电流	I_N	主触头的额定工作电流，指在规定的额定电压等条件下，能保证电器正常工作的电流值
通断能力	I	主触头在规定条件下能可靠地接通和分断的最大电流，在此电流值下不会发生触头熔焊、飞弧和过分磨损等
动作值		接触器的吸合电压值和释放电压值。一般规定：吸合电压大于等于85% U_N，释放电压小于等于70% U_N，U_N为线圈额定电压
寿命		机械寿命和电寿命。电寿命是指在正常操作条件下不需修理和更换零件的操作次数。机械寿命为数百万次以上，电寿命不小于机械寿命的1/20
操作频率	f	每小时允许操作的次数，一般分为300、600、1200 次/h

7.2.2 继电器

继电器是根据某一输入信号来接通或断开小电流电路和电器的控制元件，它是一种自动电器，广泛用于电动机或线路的保护以及生产过程自动化的控制。继电器的输入信号和工作原理各不相同，其基本结构均由感测部件、中间部件和执行部件三部分组成。感测部件把感测到的各种物理量传递给中间部件，中间部件将输入的物理量和设定值比较，当达到、大于或小于设定值时，中间部件输出信号，使执行部件动作，接通或断开控制电路。

继电器一般不用来直接控制主电路，而是通过控制接触器或其他电器对主电路进行控制。继电器的触头流过的电流很小，无需灭弧装置，故其结构简单，体积较小。

1. 继电器分类

继电器的类型与用途见表7-4。

表7-4 继电器的类型与用途

类 型		动作特点	用 途	说 明
保护继电器		线圈和触头的控制电流较小，电路通断频率低，要求动作准确可靠，灵敏度高，热稳定性和电稳动性好	用于发电机、变压器和输电线路的保护	
控制继电器	电压继电器	继电器的线圈是并联在电路的感测元件，主电路的电压值达到规定的数值时，继电器动作	主要用于电动机的欠电压和过电压保护	
	电流继电器	其线圈作为感测元件串联在电路中，当电路过电流值达到规定的数值，继电器动作	多用于电动机的过载和短路保护	
	中间继电器	通过它可以增加控制回路数目或短信号放大作用	属于电压继电器	触头数量多，容量较大
	时间继电器	从收到信号到触头动作或使输出电路产生跳跃式改变有一个延时	用于实现控制系统的时序控制	
	热继电器	当电路中的电流达到规定值时，继电器串联在电路中的发热元件变形而动作	属于电流继电器，用作电动机的过载和断相运行的保护	
	温度继电器	在温度达到整定值时动作	实现过热（或过载）保护及温度控制	

（续）

类　　型	动　作　特　点	用　　途	说　　明
通信继电器	操作频率高、动作速度快、寿命长、体积小、触头容量小	用于通信运动系统	
航空、航海用继电器	适应航空工业和舰船特点的专业继电器		

2. 常用的控制继电器

（1）电磁式电流、电压继电器　电磁式继电器是电动机控制中用得最多的一种继电器。其动作原理与接触器基本相同。它主要由电磁机构和触头系统组成，因为继电器无需分断大电流电路，故触头均用无灭弧装置的桥式触头。

电磁式电流继电器的结构示意图如图 7-6 所示。电磁式电流继电器按吸引线圈的电流可分直流和交流两种。电流继电器的线圈串联在被测量电路中，继电器按一定的电流值动作，能反映电路中电流的变化。电流继电器又分欠电流继电器和过电流继电器两种。欠电流继电器的吸引电流为线圈额定电流的 30% ～ 65%，释放电流为额定电流的 10% ～ 20%。因此，流过线圈的电流降低到额定电流值的 10% ～ 20% 时，继电器即释放，从而使控制电路做出相应的反应。过电流继电器当流过线圈的 I 大于等于（110% ～ 400%）I_N 时，电流继电器动作。

从结构原理上看，过电流继电器和欠电流继电器是相同的，仅是过电流继电器的线圈匝数较少和反力弹簧的弹力更强。当由过电流继电器保护的电路发生过载（过电流）时，过电流继电器动作，其触头切断控制电路，使接触器线圈失电，主触头断开，切断主电路。此时过电流继电器衔铁在反力弹簧的弹力下释放，自动复位。

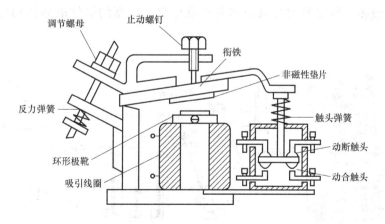

图 7-6　电磁式电流继电器的结构示意图

电磁式继电器可做成电流继电器和电压继电器。电流继电器的吸引线圈匝数少，导线粗，能通过较大电流，使用时线圈与电路串联；电压继电器的吸引线圈匝数多，导线细，使用时线圈与电路并联。电流继电器、电压继电器的类型与特点见表 7-5。

表7-5　电流继电器、电压继电器的类型与特点

类　型		线圈参数	线圈连接	工 作 特 点
电流继电器	过电流继电器	导线截面较粗，匝数较少	通过电流互感器串联在主电路中	正常负载电流，衔铁不吸合，继电器不动作，当电流超过整定值时；衔铁吸合，继电器动作，接通或断开相应的触头
	欠电流继电器			正常负载电流，衔铁吸合；当负载电流小到某值时，衔铁释放，并使相应的触头接通或断开
电压继电器	过电压继电器	导线截面较细，匝数较多	并联在电源两端	正常工作电压，衔铁不吸合，当电源电压 ≥（110 ~ 115%）U_N 时，衔铁吸合，接通或断开相应的触头，对电路进行过电压保护
	欠电压继电器			正常工作，衔铁吸合，一般 $U =（40 ~ 70）U_N$，衔铁释放，继电器动作进行欠电压保护

（2）热继电器　热继电器是依靠电流通过发热元器件时所产生的热量，使金属片受热变形（弯曲），通过导板动作推动触头运作的电器。具有反时限特性，主要用于电动机的过载保护、断相及电流不平衡运行的保护。热继电器的热元件与被保护电动机的主电路相串联，其触头则串接在接触器线圈所在的控制回路中。

热继电器根据热元件的形式不同可以分为：

1）双金属片式：利用两种膨胀系数不同的金属（通常为铁镍铬合金或铁镍合金板轧制成）受热弯曲去推动杠杆而使触头动作。

2）热敏电阻式：利用电阻值随温度变化而变化的特性制成的热继电器。

3）易熔合金式：利用过载电流发热使易熔合金达到某一温度值时，合金熔化而使继电器动作。

目前应用最多、最普通的是双金属片热继电器。典型的热继电器结构原理及符号如图7-7所示。

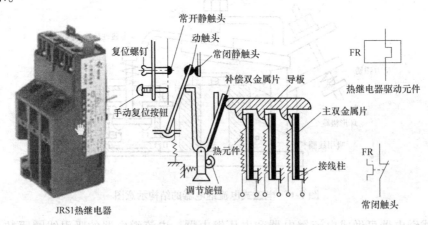

JRS1热继电器

图7-7　热继电器的结构原理及符号

在图7-7中，主双金属片与加热元件串联在接触器负载（电动机电源端）的主回路中，当电动机过载时，主双金属片受热弯曲推动导板，并通过补偿双金属片与推杆将动触头和常

闭静触头分开,以切断电路保护电动机。调节旋钮是一个偏心轮。改变它的半径即可改变补偿双金属片与导板的接触距离,从而达到调节整定动作电流值的目的。此外,通过调节复位螺钉来改变常开静触头的位置使热继电器能动作在自动复位或手动复位两种状态。调成手动复位时,在排除故障后要按下手动复位按钮才能使动触头恢复与常闭静触头相接触的位置。

热继电器的常闭触头常串入控制回路,常开触头可接入信号回路或 PLC 控制时的输入接口电路。

三相异步电动机的电源或绕组断相是导致电动机过热烧毁的主要原因之一,尤其是定子绕组采用△联结的电动机必须采用三相带断相保护装置的热继电器实行断相保护。

选择热继电器主要根据所保护电动机的额定电流来确定热继电器的规格和热元件的电流等级。根据电动机的额定电流选择热继电器的规格,一般情况下,应使热继电器的额定电流稍大于电动机的额定电流。

根据需要的整定电流值选择热元件的编号和电流等级。一般情况下,热继电器的整定值为电动机额定电流的 0.95 ~ 1.05 倍。但是如果电动机拖动的负载是冲击性负载或起动时间较长及拖动的设备不允许停电的场合,热继电器的整定值可取电动机额定电流的 1.1 ~ 1.5 倍。如果电动机的过载能力较差,热继电器的整定值可取电动机额定电流的 0.6 ~ 0.8 倍。同时,整定电流应留有一定的上下限调整范围。

根据电动机定子绕组的连接方式选择热继电器的结构形式,即丫联结的电动机选用普通三相的热继电器,△联结的电动机应选用三相带断相保护装置的热继电器。

对于频繁正反转和频繁起制动工作的电动机不宜采用热继电器来保护。

(3)中间继电器 中间继电器实质上是电压继电器。它的触头数量多、容量小,可在继电保护装置中作为辅助继电器。其作用有两个:一是当电压和电流继电器的触头容量不够时,借助中间继电器接通较大容量的执行回路;二是当需要控制几条独立电路时,可用它增加触头数目。中间继电器类型有通用型继电器、电子式小型通用继电器、接触器电磁式中间继电器、采用集成电路构成的无触头静态中间继电器等,其中以电磁式中间继电器(其结构与小型交流接触器相同)应用最广泛。中间继电器的产品有 JZ7 系列交流中间继电器,JZ8 系列直流中间继电器以及 JZ11、JZ12、JZ13、JZ14、JZ15 系列中间继电器。JZ7 系列中间继电器的外形如图 7-8 所示。

图 7-8 JZ7 系列中间继电器的外形

(4)时间继电器 时间继电器是在电路中对触头动作时间起控制作用的继电器。当接收到输入信号后,需要经过一定的时间延时,进行响应,输出信号,操纵控制回路。

时间继电器根据动作原理不同可以分为:电磁式、空气阻尼式、电动式和电子式时间继电器;还可以根据延时方式的不同分为:通电延时和断电延时时间继电器。时间继电器的类型与原理见表 7-6,其外形和符号如图 7-9 所示。其中,在交流电路中最常用的是空气阻尼式时间继电器,而发展最快、最有前途的是电子式时间继电器。

表7-6　时间继电器的类型与原理

类　　型	延时原理	适应场合
空气阻尼式 时间继电器	利用空气通过小孔节流原理产生空气阻尼来获得延时	延时准确度低，用于对延时精度要求不高的场合，既可用作通电延时，又可用作断电延时
电磁式时间 继电器	利用通断电过程短路线圈感应电流所产生的磁通总是阻碍磁通变化的电磁阻尼原理来获得延时	延时精度不很高，主要用于断电延时
电动式时间 继电器	由微型同步电动机驱动减速齿轮组，并由特殊的电磁机构加以控制以获得延时	可用作通电延时、断电延时，常用于机床电路中
电子式时间 继电器	利用 RC 电路电容器充电时，电压逐渐上升的原理作为延时基础	有通电延时型、断电延时型，适应于精度要求高，可靠性要求高的自动控制场合

　　　　　a) 空气阻尼式时间继电器　　　　　　　　　b) 电子式时间继电器

c) 电动式时间继电器

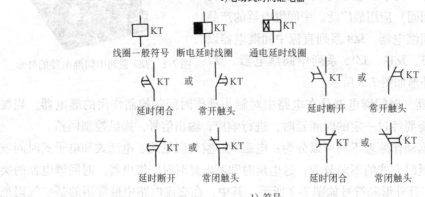

d) 符号

图7-9　时间继电器外形和符号

1）空气阻尼式时间继电器。空气阻尼式时间继电器又称气囊式时间继电器。它是利用空气阻尼的作用来达到延时的目的。它是由电磁系统、触头系统和延时机构等组成。电磁铁采用直动式双 E 型结构，触头系统是借助桥式双断点微动开关，构成瞬时触头和延时触头两部分供控制时选用，延时机构是利用空气通过小孔时产生阻尼作用的气囊式阻尼器。这种继电器分为通电延时和断电延时两种。图 7-10 为 JS7 – A 系列通电延时型空气阻尼式时间继电器的动作原理图。

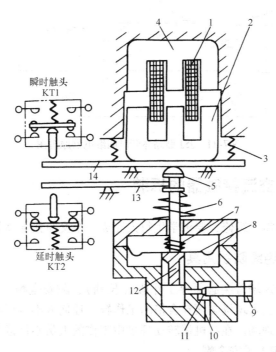

图 7-10　通电延时型空气阻尼式时间继电器动作原理图

1—线圈　2—衔铁　3—反作用弹簧　4—静铁心　5—推杆
6—螺旋压缩弹簧　7—弱弹簧　8—橡皮膜　9—调节螺钉
10—进气孔　11—螺塞　12—活塞　13—杠杆　14—推板

2）电子式时间继电器。电子式时间继电器又称半导体时间继电器。其是利用 RC 电路电容器充电时，电容器上的电压逐渐上升的原理作为延时基础的。因此改变充电电路的时间常数（改变电阻值），即可改变其延时时间。继电器的输出形式有两种：有触头式和无触头式，前者用晶体管驱动小型电磁式继电器，后者是采用晶体管或晶闸管输出。常用的产品有JSJ、JSB、JS15、JS20 型等。

JSJ 型晶体管时间继电器原理图如图 7-11 所示。整个电路分为主电源、辅助电源、双稳态触发器及其附属电路等几个部分。

主电源是电容滤波的桥式整流电路，它是触发器和输出继电器的工作电源。辅助电源是电容滤波的半波整流电路，它与主电源叠加起来作为 RC 环节的充电电源。另外，在延时过程结束，二极管 VD_1 导通后，辅助电源的正电压又通过 R 和 VD_1 加到晶体管 VT_1 的基极上，使之截止，从而使触发器翻转。

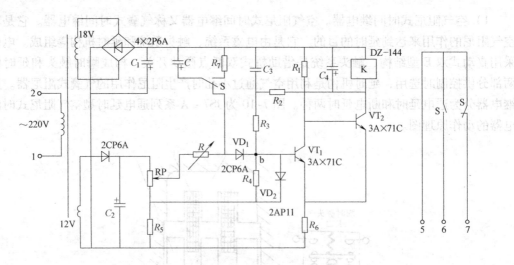

图 7-11 JSJ 型晶体管时间继电器原理图

7.3 综合实训 交流接触器的拆装

有一批交流接触器需要维修，要求学生每人完成一个交流接触器的拆装并维修。

7.3.1 穿戴与使用绝缘防护用具

进入实训或者工作现场着装必须穿工作服（长袖）、戴安全帽。安全帽必须系紧帽带，长袖工作服不得卷袖。进入现场必须穿合格的工作鞋，任何人不得穿高跟鞋、网眼鞋、钉子鞋、凉鞋、拖鞋等进入现场。在有机械转动环境中工作的人员不许戴手套、系领带和围巾。

1）确认自己已经戴上了安全帽。

2）确认自己已经穿上了工作鞋。

7.3.2 仪器仪表、工具与材料的领取与检查

1. 所需仪器仪表、工具与材料

交流接触器、电工常用工具、干电池、指示灯、安全帽、工作鞋、BVR – 2.5mm²、BVR – 1mm² 导线。

2. 仪器仪表、工具与材料领取

领取交流接触器、电工工具等器材后，将对应的参数填写到表 7-7 中。

表 7-7 仪器仪表、工具与材料领取表

序号	名称	型号	规格与主要参数	数量	备注
1	交流接触器				
2	电工常用工具				
3	干电池				
4	指示灯				
5	导线				

3. 检查领到的仪器仪表与工具

1）安全等级。

2）部件未损坏。

3）触头接触好。

7.3.3 完成交流接触器的拆装与维修

按要求完成交流接触器的拆装与维修 2 次，每次 30min，熟练程度达到 20min 内完成该项目，并填写表 7-8。

表 7-8 交流接触器拆装要求与完成情况

序号	训练内容	具体要求	限时	完成情况记录
1	拆下灭弧罩		2min	
2	拆下触头		3min	
3	拉出弹簧		2min	
4	取下电磁线圈		3min	
5	修理及装配		20min	

7.3.4 按照现代企业 8S 管理要求进行工作现场的整理

训练完成后，应及时对工作场地进行卫生清洁，使物品摆放整齐有序，保持现场的整洁、安全，做到标准化管理。

1）整理自己的工作场地，打扫现场卫生。

2）根据任务分工要求，打扫实训场地卫生。

3）根据工作现场要求，归位场地内的设施和设备。

4）拉闸断电，保证实训场地的安全。

7.3.5 仪器仪表、工具与材料的归还

仪器仪表、工具与材料使用完毕后应归还相应管理部门或单位。

1）归还接触器和电工常用工具

2）归还安全帽、工作鞋及相关材料

7.4 考核评价

考核评价表见表 7-9。

表7-9 考核评价表

考核项目	考核内容	考核方式	百分比
态度	1）能按照现场管理要求（整理、整顿、清扫、清洁、素养、安全、节约、环保）安全文明生产 2）能严格按照工艺文件要求拆装接触器 3）具有团队合作精神，具有一定的组织协调能力	学生自评＋学生互评＋教师评价	30%
技能	1）会按照正确顺序拆装交流接触器 2）能对交流接触器进行正确的维护 3）会进行交流接触器常见故障的维修 4）会查找相关资料 5）会撰写项目报告并答辩	教师评价＋学生互评＋学生自评	40%
知识	1）掌握接触器、继电器基本知识 2）掌握接触器拆装的步骤 3）掌握交流接触器常见故障维修方法	教师评价	30%

7.5 拓展训练

下面介绍电流继电器的整定。

电磁式电流继电器的结构如图7-6所示，在使用之前，一般要进行参数的整定。欠电流继电器重要的是释放电流值的调整，过电流继电器重要的是吸合电流（动作电流）值的调整。电磁式电流继电器的释放电流值和动作电流值可以通过调整反力弹簧的弹力、衔铁与环形极靴（铁心）之间的间隙以及非磁性垫片的厚度来加以调节。电流继电器动作电流值的调整接线图如图7-12所示，其动作电流值的调整步骤见表7-10。

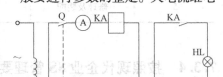

图7-12 动作电流值的调整接线图

表7-10 电流继电器动作电流值的调整步骤

序号	步骤	方法	完成情况
1	接线	使用额定电流为3A的过电流继电器KA，按图7-12接线，将电流继电器指针对准1.8A，电流表量程选择为2.5A。整定开始前调压器手柄置于0位，滑动变阻器为最大值，用电流表A测量流过吸引线圈的电流	
2	动作电流值的测定	1）调节调压器的输出至合适的值（电流表指示为1.2A左右，此时灯不亮） 2）调压器不动，使滑动变阻器阻值减小，当指示灯刚刚亮时，读出电流表的读数。此读数即为电流继电器的动作值	
3	释放电流值的测定	增大电阻值，使回路电流减小，直到灯熄灭时。读出电流表的读数。此读数即为电流继电器的释放值	
4	电流继电器整定	向上拧动止动螺钉，加大衔铁与静铁心之间的空气间隙，再闭合开关Q，观察电流继电器能否吸合。如不能吸合，则先断开开关，继续重复步骤2，一直到吸合为止 也可以将止动螺钉向下拧动，减小空气间隙，再重复调节调节螺母，改变反力弹簧弹力，观察电流继电器的动作情况	

习题与思考题

7-1 交流接触器由哪几部分组成？其作用是什么？

7-2 简述交流接触器的工作原理。

7-3 试述交流接触器的拆装步骤。

7-4 继电器的类型有哪几种？

7-5 简述热继电器的主要构成和工作原理。

7-6 空气阻尼式时间继电器、电子式时间继电器分别是利用什么原理来实现延时的？

7-7 电流继电器的整定方法和步骤是什么？

项目 8

三相异步电动机直接起动控制电路的安装与维护

项目描述

在工厂、生活中有很多功率较小的异步电动机，如：冷却泵、小型车床、钻床等的电动机，由于它们功率较小、拖动的负载较小，一般允许直接起动。对于有些电动机直接起动较为方便的设备采用开关手动控制，而某些如机床上的电动机一般由接触器－继电器控制电路实现起动。

通过本项目的学习，要求学生掌握按钮、开关、断路器组成原理和选择，熟悉三相异步电动机单向直接起动、正反转控制电路的组成和工作原理，能完成三相异步电动机单向直接起动控制电路的安装与故障维护。

8.1 项目演练 三相异步电动机直接起动控制电路的安装与维护

8.1.1 穿戴与使用绝缘防护用具

进入实训或工作现场必须穿工作服（长袖）、戴安全帽。戴安全帽时必须系紧帽带，穿长袖工作服时不得将袖卷起。进入现场必须穿合格的工作鞋，任何人不得穿高跟鞋、网眼鞋、钉子鞋、凉鞋、拖鞋等进入现场。在有机械转动环境中工作的人员不许戴手套、系领带和围巾。

任何人进入现场前必须确认：

1）自己已经戴上了安全帽。

2）自己已经穿上了工作鞋。

8.1.2 仪器仪表、工具与材料的领取与检查

1. 所需仪器仪表、工具与材料

本项目需用到三相异步电动机、交流接触器、熔断器、热继电器、按钮、组合开关、电工常用工具、安全帽、工作鞋、BVR－2.5mm^2 和 BVR－1mm^2 导线。

2. 领取仪器仪表、工具与材料

领取三相异步电动机、热继电器等器材后，将对应的参数填写到表 8-1 中。

表 8-1 仪器仪表、工具与材料领取表

表 8-1 仪器仪表、工具与材料领取表

序号	名　称	型　号	规格与主要参数	数　量	备　注
1	三相异步电动机				
2	热继电器				
3	交流接触器				
4	按钮				
5	熔断器				
6	电工常用工具				
7	万用表				
8	导线				

3. 检查领到的仪器仪表与工具

1）检查安全等级。

2）检查部件是否损坏。

3）检查触头接触是否良好。

8.1.3 三相异步电动机单向直接起动控制电路的安装

三相异步电动机单向直接起动控制电路原理如图 8-1 所示。

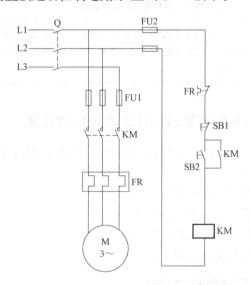

图 8-1 三相异步电动机单向直接起动控制电路原理图

项目实施步骤见表 8-2，并将具体完成情况填入表中。

表 8-2 三相异步电动机单向直接起动控制电路安装与维护步骤

序号	步　骤	方　法	完成情况
1	设计电路图	设计三相异步电动机单向直接起动控制电路原理图（参考电路如图 8-1 所示）	
2	设计配电板组件布置图	设计出三相异步电动机单向直接起动控制电路配电板组件布置图	
3	选择常用低压电器	根据电动机功率正确选择接触器、熔断器、热继电器、按钮和开关的型号，列出电气元件明细表	

（续）

序号	步　骤	方　法	完成情况
4	电路安装与检查	1）在电动机控制电路安装电路板上安装图8-1所示电路。**注意**：先接控制电路，调试好以后，再接主电路。安装时注意各接点要牢固，接触良好，同时，要注意文明操作，保护好各电器 　2）电路检查。主电路接线检查：按电路图或接线图从电源端开始，逐段核对接线有无漏接、错接之处，检查导线接点是否符合要求，压接是否牢固，以免带负载运行时产生闪弧现象。然后用万用表电阻档检查控制电路接线情况 　3）热继电器的整定	
5	通电试车	检验合格后，通电试车。接通三相电源L1、L2、L3，合上电源开关Q，用电笔检查熔断器出线端，氖管亮说明电源接通。按下SB2，KM得电，电动机M起动，观察电气元件动作是否灵活，有无卡阻及噪声过大现象，观察电动机运行是否正常。若有异常，立即停车检查。按下SB1，KM失电，电动机M停车。通电试车完毕，停转、切断电源。先拆除三相电源线，再拆除电动机负载线	
6	常见故障的分析与排除	运行时发现故障，应及时切断电源，再认真查找故障，掌握查找电路故障的方法，若找不出故障原因，向指导老师汇报	

8.1.4　按照现代企业8S管理要求进行工作现场的整理

训练完成后，应及时对工作场地进行卫生清洁，使物品摆放整齐有序，保持现场的整洁、安全，做到标准化管理。

1）整理自己的工作场地，打扫现场卫生。

2）根据任务分工要求，打扫实训场地卫生。

3）根据工作现场要求，归位场地内的设施和设备。

4）拉闸断电，保证实训场地的安全。

8.1.5　仪器仪表、工具与材料的归还

仪器仪表、工具与材料使用完毕后应归还相应管理部门或单位。

1）归还接触器和电工常用工具。

2）归还安全帽、工作鞋及相关材料。

8.2　相关知识介绍

8.2.1　按钮和行程开关

1. 按钮

按钮是一种用人力（一般为手指或手掌）操作，并具有储能（弹簧）复位的一种控制

开关。按钮的触头允许通过的电流较小，一般不超过 5A，因此一般情况下它不直接控制主电路，而是在控制电路中发出指令或信号去控制接触器、继电器等电器，再由它们去控制主电路的通断、功能转换或电气联锁等。

按钮一般由按钮帽、复位弹簧、常闭触头、常开触头、支柱连杆及外壳等部分组成，按钮的外形、结构与符号如图 8-2 所示。图中按钮是一个复合按钮，工作时常开和常闭触头是联动的，当按钮被按下时，常闭触头先动作，常开触头随后动作；而松开按钮时，常开触头先动作，常闭触头再动作，也就是说两种触头在改变工作状态时，先后有个时间差，尽管这个时间差很短，但在分析电路控制过程时应特别注意。

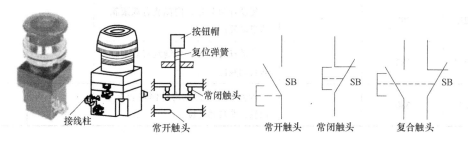

图 8-2　按钮的外形、结构与符号

2. 行程开关

行程开关是位置开关中的一种，是用来反映工作机械的行程，发布命令以控制其运动方向或行程大小的主令电器。如果把行程开关安装在工作机械行程终点处，它就称为限位开关或终端开关。

图 8-3 是 LX19K 型行程开关的结构简图。当外部机械碰撞压钮，使常闭静触桥先断开，常开静触桥随后闭合。当外部机械作用移去后，由于弹簧的反作用，触头桥恢复原位。

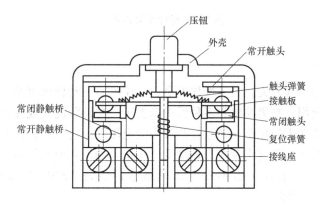

图 8-3　LX19K 型行程开关的结构简图

以 LX19K 型为基础，增设不同的滚轮和转动件，就可派生出其他的结构形式。根据结构不同分为自动复位式和非自动复位式两种。LX19 系列行程开关基本技术数据见表 8-3。

表 8-3 LX19 系列行程开关基本技术数据

型号	额定电压/V	额定电流/A	结 构 形 式	常开触头数	常闭触头数
LX19K	380	5	元件，直动式	1	1
LX19-001	380	5	直动式，自动复位	1	1
LX19-111	380	5	传动杆内侧装有单滚轮，自动复位	1	1
LX19-121	380	5	传动杆外侧装有单滚轮，自动复位	1	1
LX19-131	380	5	传动杆凹槽内装有单滚轮，自动复位	1	1
LX19-212	380	5	传动杆为 U 形，内侧装有双滚轮，非自动复位	1	1
LX19-222	380	5	传动杆为 U 形，外侧装有双滚轮，非自动复位	1	1
LX19-232	380	5	传动杆为 U 形，内外侧均装有双滚轮，非自动复位	1	1

行程开关在电路中的符号如图 8-4 所示。

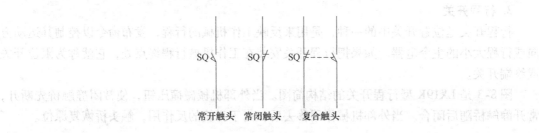

常开触头　　常闭触头　　复合触头

图 8-4　行程开关的符号

8.2.2　低压断路器

低压断路器俗称空气开关，具有操作安全、工作可靠、动作值可调、分断能力较高等优点，因此得到广泛应用。它集控制和多种保护功能于一身，除能完成接触和分断电路外，还能对电路或电气设备发生的短路、严重过载及失欠电压等进行保护，同时也可以用于不频繁地启动电动机。是低压配电网络和电力拖动系统中最常用的重要保护电器之一。

低压断路器的形式很多（图 8-5），以前最常用的是 DZ10 型，较新的还有 DZX10、DZ20、DZ47、DZ158 型等。

低压断路器的工作原理示意图如图 8-6 所示。使用时断路器的三个主触头串联在被控制的三相电路中，按下接通按钮时，外力使锁扣克服反作用弹簧的弹力，将固定在锁扣上面的动触头与静触头闭合，并由锁扣锁住搭钩使动静触头保持闭合，开关处于接通状态。

当电路发生过载时，过载电流流过热元件产生一定的热量，使双金属片受热向上弯曲，通过杠杆推动搭钩与锁扣脱开，在反作用弹簧的推动下，动、静触头分开，从而切断电路，使用电设备不致因过载而烧毁。

单相断路器

三相断路器

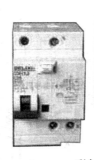
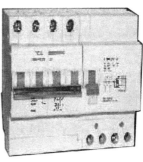
剩余电流断路器

图 8-5 低压断路器

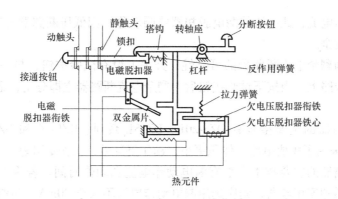

图 8-6 低压断路器的工作原理示意图

当电路发生短路故障时,短路电流超过电磁脱扣器的瞬时脱扣整定电流,电磁脱扣器产生足够大的吸力将衔铁吸合,通过杠杆推动搭钩与锁扣分开,从而切断电路,实现短路保护。低压断路器出厂时,电磁脱扣器的瞬时脱扣整定电流一般整定为 $10I_N$(I_N 为断路器的额定电流)。

欠电压脱扣器的动作过程与电磁脱扣器恰好相反。需手动分断电路时,按下分断按钮即可。

剩余电流断路器俗称漏电开关、漏电断路器,是一种安全保护电器,在电路或设备出现对地漏电或人身触电时,迅速自动断开电路,能有效地保证人身和电路的安全。电磁式电流动作型剩余电流断路器的工作原理图如图 8-7 所示。

剩余电流断路器主要由零序电流互感器 TA、漏电脱扣器 W_S、试验按钮 SB、操作机构和外壳组成。实质上就是在一般的断路器中增加一个能检测电流的感受元件零序电流互感器和漏电脱扣器。零序电流互感器是一个环形封闭的铁心,主电路的三相电源线均穿过零序电流互感器的铁心,为互感器的一次绕组;环形铁心上绕有二次绕组,其输出端与漏电脱扣器的线圈相接。在电路正常工作时,无论三相负载电流是否平衡,通过零序电流互感器一次侧的三相电流相量和为零,二次侧没有电流。当出现漏电和人身触电时,漏电或触电电流将经过大地流回电源的中性点,因此零序电流互感器一次侧三相电流的相量和就不为零,互感器

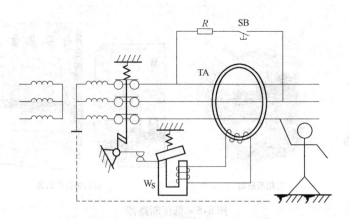

图 8-7 剩余电流断路器的工作原理图

的二次侧将感应出电流，此电流使漏电脱扣器线圈动作，则低压断路器分闸切断了主电路，从而保障了人身安全。

为了便于检测剩余电流断路器的可靠性，开关上设有试验按钮，与一个限流电阻 R 串联后跨接于两相线路上。当按下试验按钮后，剩余电流断路器立即分闸，证明该开关的保护功能良好。

剩余电流断路器的主要型号有 DZ5-20L、DZ15L 系列、DZL-16 和 DZL18-20 等，其中 DZL18-20 型由于采用了集成电路，体积更小，动作更灵敏，工作更可靠。

剩余电流断路器的主要技术参数有漏电动作电流和动作时间。若用于保护手持电动工具、各种移动电器和家用电器，则应选用漏电动作电流不大于 30mA、动作时间不大于 0.1s 的快速动作剩余电流断路器。若用于保护单台电动机，则可选用额定漏电动作电流为 30 ~ 100mA 的剩余电流断路器。

8.2.3 三相异步电动机单向直接起动控制

三相异步电动机由于结构简单、价格便宜、坚固耐用，获得了广泛的应用。它的控制电路大部分由继电器、接触器、按钮等有触头电器组成，称为继电器接触器控制电路。

电动机的起动过程是指电动机从接入电网开始起，到正常运转为止的这一过程。三相异步电动机的起动方式有两种：即在额定电压下的直接起动和降低起动电压的减压起动。电动机的直接起动是一种简单、可靠、经济的起动方法。但由于直接起动电流可达电动机额定电流的 4~7 倍，过大的起动电流会造成电网电压显著下降，直接影响在同一电网工作的其他感应电动机，甚至使它们停转或无法起动，故直接起动电动机的容量受到一定的限制。能否采用直接起动，可用下面的经验公式来确定：

$$I_{st}/I_N \leqslant 3/4 + S/4P_N$$

式中，I_{st} 为电动机的起动电流（A）；I_N 为电动机的额定电流（A）；S 为变压器容量（kVA）；P_N 为电动机容量（kW）。满足此公式，则允许直接起动。

一般功率小于 10kW 的电动机常用直接起动。下面就来介绍异步电动机直接起动的单向控制电路。

1. 开关控制的电动机单向连续旋转控制电路

用刀开关控制的电动机起动、停止的控制电路, 如图 8-8 所示。合上电源开关 Q, 三相交流电压通过开关 Q、熔断器 FU, 直接加到电动机定子的三相绕组上, 电动机即开始转动。断开 Q, 电动机即断电停转。采用开关控制的电路仅适用于不频繁起动的小容量电动机。如: 工厂中一般使用的三相电风扇、砂轮机以及台钻等设备。它的特点是简单, 但不能实现远距离控制和自动控制, 也不能实现零压、欠电压和过载保护。

2. 电动机单向点动控制电路

电动机单向点动控制电路是用按钮和接触器控制的, 其原理如图 8-9 所示。

电路的动作原理如下:

起动: 合上电源开关 Q, 按下按钮 SB, 接触器 KM 线圈得电, KM 主触头闭合, 电动机 M 运转。

停止: 放开按钮 SB, 接触器 KM 线圈失电, KM 主触头断开, 电动机 M 停转。

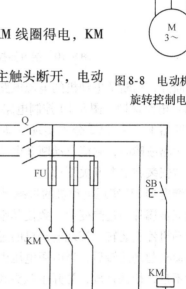

图 8-8 电动机单向旋转控制电路

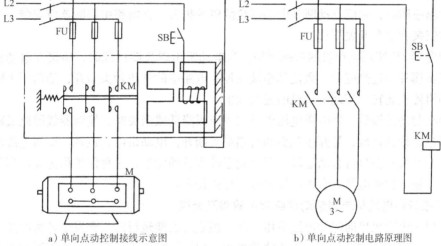

a) 单向点动控制接线示意图　　　b) 单向点动控制电路原理图

图 8-9 电动机单向点动控制电路

3. 接触器控制电动机单向连续旋转的控制电路

接触器控制电动机单向连续旋转的控制电路, 如图 8-10 所示。图中 Q 为三相刀开关, FU1、FU2 为熔断器, KM 为接触器, FR 为热继电器, M 为三相异步电动机, SB1 为停止按钮、SB2 为起动按钮。

(1) 电路工作原理 起动时, 首先合上电源开关 Q, 引入电源, 按下起动按钮 SB2, 交流接触器 KM 线圈通电并动作, 三对常开主触头闭合, 电动机 M 接通电源起动。同时, 与起动按钮并联的接触器常开辅助触头也闭合, 当松开 SB2 时, KM 线圈通过其本身常开辅助触头继续保持通电, 从而保证了电动机的连续运转。这种松开起动按钮后, 依靠接触器自身的辅助触头保持线圈通电的电路, 称为自锁或自保电路。辅助常开触头称为自锁触头。

当需电动机停车时, 可按下停止按钮 SB1, 切断 KM 线圈电路, KM 常开主触头与辅助

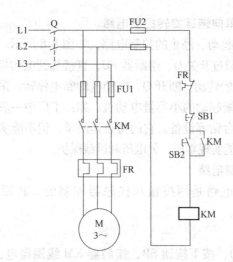

图 8-10 接触器控制电动机单向连续旋转的控制电路

触头均断开,切断了电动机的电源电路和控制电路,电动机停止运转。

(2) 电路保护 图 8-10 控制电路具有短路保护、过载保护及失电压和欠电压保护。

熔断器 FU1 和 FU2 分别实现电动机主电路和控制电路的短路保护。当电路中出现严重过载或短路故障时,它能自动断开电路以免故障的扩大。在电路中熔断器应安装在靠近电源端,通常安装在电源开关下边。

热继电器 FR 实现电动机的过载保护。当电动机出现长期过载时,串接在电动机定子电路中的双金属片因过热变形,致使其串接在控制电路中的常闭触头断开,切断了 KM 线圈电路,电动机停止运转,实现电动机的过载保护。

电动机起动运转后,当电源电压由于某种原因降低或消失时,接触器线圈磁通减弱,电磁吸力不足,衔铁释放,常开主触头和自锁触头断开,电动机停止运转。而当电源电压恢复正常时,电动机不会自行起动运转,可避免意外事故的发生,这种保护称为失电压欠电压保护。具有自锁的控制电路具有失电压欠电压保护作用。

4. 三相异步电动机单向起动电路常见故障及处理

三相异步电动机单向起动电路应用广泛,但通过长期运行后,会发生各种故障,及时判断故障原因,进行相应处理,是防止故障扩大,保证设备正常运行的一项重要的工作。电动机单向直接起动电路常见故障及处理方法如下:

1) 手按起动按钮 SB2,电动机 M 不能起动,可能原因及处理方式:

① 主电路或控制电路熔丝已断:更换熔丝。

② 热继电器常闭触头未复位:复位触头。

③ 起动及停止按钮触头接触不良:修复触头。

④ 起动与停止按钮间连接线已断:接上连接线。

⑤ 接触器线圈烧毁:更换线圈。

⑥ 电动机损坏:更换电动机。

2) 通电按下起动按钮 SB2 电动机不转,但电动机有"嗡嗡"声,可能原因及处理方式:

① 定子、转子绕组有断路（一相断线）或电源一相失电：查明断点予以修复。

② 绕组引出线始末端接错或绕组内部接反：检查绕组极性；判断绕组末端是否正确。

③ 电源回路接点松动，接触电阻大：紧固松动的接线螺钉，用万用表判断各接头是否假接，予以修复。

④ 电动机负载过大或转子卡住：减载或查出并消除机械故障。

⑤ 电源电压过低：检查是否把规定的△联结误接为Ｙ；是否由于电源供电电压过低，予以纠正。

⑥ 小型电动机装配太紧或轴承内油脂过硬：重新装配使之灵活；更换合格油脂。

⑦ 轴承卡住：修复轴承。

3）电动机能起动但不能自锁：这是由于 KM 自锁触头闭合不上或自锁触头未接入：将 KM 自锁触头连接好。

4）电动机起动后，按下停止按钮 SB1，电动机 M1 不能停车：这是由于 KM 三对主触头发生熔焊造成，应立即切断电源开关 Q，更换 KM 主触头或更换接触器。

注意：进行故障处理时，必须先断开电源。

8.2.4 三相异步电动机正反转控制电路

1. 接触器正反转控制电路

接触器正反转控制电路，如图 8-11a 所示。图中 KM1、KM2 分别是正反转接触器，它们的主触头接线的相序不同，KM1 按 L1 – L2 – L3 相序接线，KM2 按 L3 – L2 – L1 相序接线，所以当两个接触器分别工作时，电动机的旋转方向不一样，从而实现正反转。其工作原理为，按下正转起动按钮 SB2 时，KM1 线圈通电并自锁，接通正序电源，电动机正转。按下停车按钮 SB1 时，KM1 线圈失电，电动机停车。同样按下反转起动按钮 SB3 时，KM2 线圈通电并自锁，接通反序电源，电动机反转。

上述控制电路虽然可以完成正反转的任务，且比较简单，但该电路是有缺点的，在按下 SB2 按钮，电动机正转起动并运行时，若发生误操作，又按下 SB3 按钮，此时 KM1、KM2 在主电路中的主触头同时闭合，将发生 L1、L3 两相电源短路的事故。

2. 接触器联锁的正反转控制电路

为避免上述事故的发生，在正转控制电路中串入反转接触器 KM2 的常闭触头，在反转控制电路中串入正转接触器 KM1 的常闭触头，如图 8-11b 所示。这样，当正转接触器 KM1 动作后，反转接触器线圈 KM2 控制电路被切断。即使误按反转起动按钮 SB3，也不会使接触器 KM2 线圈通电动作。同理反转接触器 KM2 动作后，也保证了 KM1 线圈控制电路不能再工作。由于这两个常闭触头互相牵制对方的动作，故称为互锁触头。

3. 按钮联锁的正反转控制电路

将图 8-11b 中接触器的常闭互锁触头换成复合按钮 SB2、SB3 中的常闭触头，就可实现按钮联锁的正反转控制。按钮联锁的正反转控制电路与接触器联锁的正反转控制电路动作原理基本相似。但是，由于采用了复合按钮，当 KM1 动作且电动机正转运行后，在按下反转起动按钮 SB3 时，首先是使接在正转控制电路中的反转按钮的常闭触头断开，于是，正转接触器 KM1 的线圈断电，电动机断电作惯性运转；紧接着反转起动按钮的常闭触头闭合，使反转接触器 KM2 线圈通电，电动机立即反转起动；这样，既保证了正反转接触器线圈不会同时通电,又可不按停止按钮而直接按反转按钮进行反转起动,或者由反转不用按停止按钮直接按正转按钮实现正转起动,但在操作时,应将起动按钮按到底。否则,只有停止而无反方向起动。

上述电路不太安全可靠,若正转接触器 **KM1** 主触头发生熔焊分断不开时,若直接操作反转按钮进行换向,则会产生短路故障,因此,单用复合按钮联锁的电路是不够安全可靠的。

4. 按钮、接触器复合联锁的正反转控制电路

复合联锁的正反转控制电路,如图8-11c所示。在这个控制电路中,由于采用了接触器常闭辅助触头的电气互锁和控制按钮的机械互锁,这样,既能实现直接正反转的要求,又保证了电路可靠地工作,在电力拖动控制中经常用到。

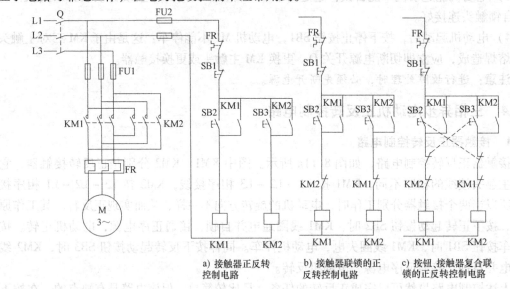

a) 接触器正反转
控制电路

b) 接触器联锁的正
反转控制电路

c) 按钮、接触器复合联
锁的正反转控制电路

图 8-11 按钮控制电动机正反转控制电路图

8.2.5 工作台自动往返控制电路

1. 控制要求

某机床工作台需自动往返运行,由三相异步电动机拖动,工作台运动方向示意图如图8-12所示,其控制要求如下,根据要求完成控制电路的设计与安装。

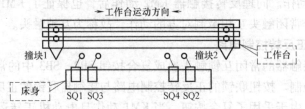

图 8-12 工作台运动方向示意图

1) 工作台由原位开始前进,到终端后自动后退。

2）要求能在前进或后退途中任意位置停止或起动。

3）控制电路设有短路、失电压、过载和位置极限保护。

图中的 SQ 为限位开关，装在预定的位置上，在工作台的梯形槽中装有撞块，当撞块移动到此位置时，碰撞限位开关，使其常闭触头断开，能使工作台停止和换向，这样工作台就能实现往返运动。其中，撞块 2 只能碰撞 SQ2 和 SQ4，撞块 1 只能碰撞 SQ1 和 SQ3，工作台行程可通过移动撞块位置来调节，以适应加工不同的工件。

SQ1、SQ2 装在机床床身上，用来控制工作台的自动往返。SQ3 和 SQ4 分别安装在向右或向左的某个极限位置上，如果 SQ1 或 SQ2 失灵时，工作台会继续向右或向左运动，当工作台运行到极限位置时，撞块就会碰撞 SQ3 和 SQ4，从而切断控制电路，迫使电动机 M 停转，工作台就停止移动，SQ3 和 SQ4 起到终端保护作用（即限制工作台的极限位置），因此称为终端保护开关或简称终端开关。

2. 控制电路

工作台自动往返控制电路原理图如图 8-13 所示。

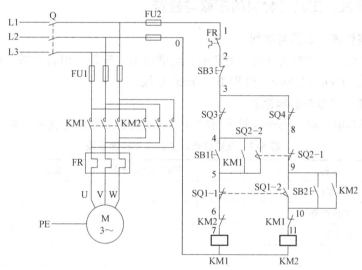

图 8-13 工作台自动往返控制电路原理图

先合上开关 Q，按下 SB1，KM1 线圈得电，KM1 自锁触头闭合自锁，KM1 主触头闭合，同时 KM1 联锁触头分断，对 KM2 联锁，电动机 M 起动连续正转，工作台向右运动，移至限定位置时，撞块 1 碰撞限位开关 SQ1，SQ1-1 常闭触头先分断，KM1 线圈失电，KM1 自锁触头分断，解除自锁，KM1 主触头分断，KM1 联锁触头恢复闭合，解除联锁，电动机 M 失电停转，工作台停止左移，同时 SQ1-2 闭合，使 KM2 自锁触头闭合自锁，KM2 主触头闭合，同时 KM2 联锁触头分断，对 KM1 联锁，电动机 M 起动连续反转，工作台左移（SQ1 触头复位），移至限定位置时，撞块 2 碰撞限位开关 SQ2，SQ2-1 先分断，KM2 线圈失电，KM2 自锁触头分断，解除自锁，KM2 主触头分断，KM2 联锁触头恢复闭合，解除联锁，电动机 M 失电停转，工作台停止左移，同时 SQ2-2 闭合，使 KM1 自锁触头闭合自锁，KM1 主触头闭合，同时 KM1 联锁触头分断对 KM2 联锁。电动机 M 起动连续正转，工作台向右运动，以此循环动作使机床工作台实现自动往返动作。

8.3 综合实训 三相异步电动机单向直接起动控制电路的安装

C620 车床主轴电动机需要实现电动机单向直接起动控制，请完成三相异步电动机单向直接起动控制电路安装。

8.3.1 穿戴与使用绝缘防护用具

进入实训或者工作现场着装必须穿工作服（长袖）、戴安全帽。安全帽必须系紧帽带，长袖工作服不得卷袖。进入现场必须穿合格的工作鞋，任何人不得穿高跟鞋、网眼鞋、钉子鞋、凉鞋、拖鞋等进入现场。在有机械转动环境中工作的人员不许戴手套、系领带和围巾。

1）确认自己已经戴上了安全帽。

2）确认自己已经穿上了工作鞋。

8.3.2 仪器仪表、工具与材料的领取与检查

1. 所需仪器仪表、工具与材料

三相异步电动机、交流接触器、熔断器、热继电器、按钮、组合开关、电工常用工具、安全帽、工作鞋、BVR – 2.5mm² 和 BVR – 1mm² 导线。

2. 仪器仪表、工具与材料领取

领取三相异步电动机、热继电器等器材后，将对应的参数填写到表 8-4 中。

表 8-4 仪器仪表、工具与材料领取表

序号	名称	型号	规格与主要参数	数量	备注
1	三相异步电动机				
2	热继电器				
3	交流接触器				
4	按钮				
5	熔断器				
6	电工常用工具				
7	万用表				
8	导线				

3. 检查领到的仪器仪表与工具

1）安全等级。

2）部件未损坏。

3）触头接触好。

8.3.3 学生训练内容与要求

要求学生成功完成三相异步电动机单向直接起动控制电路安装与维护 3 次，每次 60min，熟练程度达到 45min 完成该项目。训练内容与完成情况见表 8-5。

表 8-5　三相异步电动机单向直接起动控制电路安装与维护训练内容与完成情况

序号	训练内容	操作过程记录	限时	完成情况记录
1	设计电路图			5min
2	设计配电板组件布置图			5min
3	选择常用低压电器			5min
4	控制电路安装			15 min
5	主电路安装			15 min
6	通电试车			5 min
7	常见故障的分析与排除			5 min

8.3.4　按照现代企业 8S 管理要求进行工作现场的整理

训练完成后，应及时对工作场地进行卫生清洁，使物品摆放整齐有序，保持现场的整洁、安全，做到标准化管理。

1）整理自己的工作场地，打扫现场卫生。
2）根据任务分工要求，打扫实训场地卫生。
3）根据工作现场要求，归位场地内的设施和设备。
4）拉闸断电，保证实训场地的安全。

8.3.5　仪器仪表、工具与材料的归还

仪器仪表、工具与材料使用完毕后应归还相应管理部门或单位。

（1）归还接触器等电器、电动机和电工常用工具。
（2）归还安全帽、工作鞋及相关材料。

8.4　考核评价

考核评价表见表 8-6。

表 8-6　考核评价表

考核项目	考核内容	考核方式	百分比
态度	1）能按照现场管理要求（整理、整顿、清扫、清洁、素养、安全、节约、环保）安全文明生产 2）能严格按照工艺文件进行三相异步电动机单向直接起动控制电路的安装与维护 3）具有团队合作精神，具有一定的组织协调能力	学生自评＋学生互评＋教师评价	30%

（续）

考核项目	考核内容	考核方式	百分比
技能	1）会按照要求正确选择元器件 2）会根据安装接线图合理布置各元器件 3）能根据原理图进行三相异步电动机单向直接起动控制电路的安装。布线正确、美观，接点无松动 4）能正确进行三相异步电动机单向直接起动控制电路的调试和试车，并能排除常见故障 5）会查找相关资料 6）会撰写项目报告并答辩	教师评价＋学生互评＋学生自评	40%
知识	1）掌握按钮、开关、位置开关、断路器等知识 2）掌握电路安装连接的基本技能 3）掌握电路排故的基本方法	教师评价	30%

习题与思考题

8-1　按钮的作用是什么？行程开关的作用是什么？各由哪几部分组成？

8-2　什么是电动机的直接起动？电动机在什么情况下允许直接起动？直接起动的优缺点是什么？

8-3　三相异步电动机的单向连续运转电路中，用了哪些最基本的控制和保护电路，其作用是什么？

8-4　在电动机的主电路中已装有熔断器，为什么还要再装热继电器？在照明电路及电热设备中，为什么一般只装熔断器而不再装热继电器？

8-5　什么是自锁和联锁？在控制电路中电气联锁起什么作用？

8-6　试设计电动机单向点动－长车的控制电路。

8-7　试设计对电动机正反转点动控制和连续工作控制的混合控制电路。

8-8　试分析工作台自动往返控制电路的原理图。

8-9　进行电动机正反转控制，由正转切换成反转时，电动机发生断路，试分析原因？

▶ 项目 9

三相异步电动机星形 – 三角形
减压起动控制电路的安装与维护

🔵 项目描述

三相异步电动机的直接起动是一种简单、可靠、经济的起动方法。但由于直接起动的电流可达电动机额定电流的 4～7 倍，过大的起动电流会造成电网电压显著下降，直接影响同一电网中工作的其他电动机，甚至使它们停转或无法起动。因此，三相异步电动机经常采用降压起动。如定子串电阻减压起动、星形 – 三角形减压起动、自耦变压器减压起动等。其中星形 – 三角形降压起动广泛用于笼型三角形接法的异步电动机。

通过本项目的学习，要求学生掌握异步电动机减压起动、制动控制电路的组成原理，要求学生熟悉星形 – 三角形减压起动、能耗制动的组成原理，能完成三相异步电动机星形 – 三角形减压起动控制电路的安装调试与维护。

9.1 项目演练 三相异步电动机星形 – 三角形减压起动控制电路的安装与维护

9.1.1 穿戴与使用绝缘防护用具

进入实训或工作现场必须穿工作服（长袖）、戴安全帽。戴安全帽时必须系紧帽带，穿长袖工作服时不得将袖卷起。进入现场必须穿合格的工作鞋，任何人不得穿高跟鞋、网眼鞋、钉子鞋、凉鞋、拖鞋等进入现场。在有机械转动环境中工作的人员不许戴手套、系领带和围巾。

任何人进入现场前必须确认：

1）自己已经戴上了安全帽。

2）自己已经穿上了工作鞋。

9.1.2 仪器仪表、工具与材料的领取与检查

1. 所需仪器仪表、工具与材料

本项目需用到三角形联结的三相异步电动机、电动机控制接线练习板、交流接触器、熔断器、热继电器、按钮、开关、电工常用工具、万用表、安全帽、工作鞋、BVR – 2.5mm^2 和 BVR – 1mm^2 导线。

2. 领取仪器仪表、工具与材料

领取三相异步电动机等器材后，将对应的参数填写到表9-1中。

表9-1 仪器仪表、工具与材料领取表

序号	名 称	型 号	规格与主要参数	数 量	备 注
1	三相异步电动机				
2	电动机控制接线练习板（采用行槽布线）				
3	热继电器				
4	交流接触器				
5	开关				
6	按钮				
7	熔断器				
8	电工常用工具				
9	万用表				
10	导线				

3. 检查领到的仪器仪表与工具

1）检查设备安全等级。

2）检查部件是否损坏。

3）检查触头接触是否良好。

9.1.3 三相异步电动机星形－三角形减压起动控制电路的安装与维护

项目实施步骤见表9-2，并将具体完成情况填入表中。

表9-2 三相异步电动机星形－三角形减压起动控制电路的安装与维护步骤

序号	步 骤	方 法	完成情况
1	设计电路图	设计用时间继电器控制的三相异步电动机星形－三角形减压起动控制电路原理图（参考电路如图9-1所示）	
2	设计配电板组件布置图	设计出三相异步电动机星形－三角形减压起动控制电路配电板组件布置图（参考电路如图9-2所示）	
3	选择常用低压电器	根据电动机功率正确选择接触器、熔断器、热继电器、按钮和时间继电器的型号，列出电器元件明细表	
4	电路安装	1）在三相异步电动机星形－三角形减压起动控制电路配电板上，按原理要求接线，要求先接控制电路，调试好以后，再接主电路。安装时注意各接点要牢固，接触良好，同时，要注意文明操作，保护好各电器 2）电路检查。主电路接线检查：按电路图或接线图从电源端开始，逐段核对接线有无漏接、错接之处，检查导线接点是否符合要求，压接是否牢固，以免带负载运行时产生闪弧现象。然后用万用表电阻档检查控制电路接线情况 3）热继电器的整定：热继电器额定电流整定在被保护电动机额定电流的1～1.05倍	
5	通电试车	1）检验合格后，通电试车。接通三相电源L1、L2、L3，合上电源开关Q，用电笔检查熔断器出线端，氖管亮说明电源接通。按下SB2、KM1、KM3、KT得电，电动机M接成Y减压起动，KT延长时间到，KM3失电，KM2得电，电动机接成△正常运行。按下SB1、KM1、KM2失电，电动机M停车 2）通电试车完毕，电动机停转，切断电源。先拆除三相电源线，再拆除电动机负载线	

（续）

序号	步　骤	方　法	完成情况
6	常见故障的分析与排除	运行时发现故障，应及时切断电源，再认真逐步查找故障，掌握查找电路故障的方法，积累排除故障的经验	

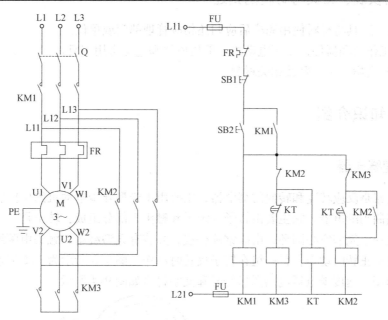

图 9-1　三相异步电动机星形－三角形减压起动控制电路原理图

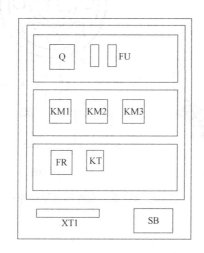

图 9-2　三相异步电动机星形－三角形减压起动控制电路配电板组件布置图

9.1.4　按照现代企业 8S 管理要求进行工作现场的整理

训练完成后，应及时对工作场地进行卫生清洁，使物品摆放整齐有序，保持现场的整洁、安全，做到标准化管理。

（1）整理自己的工作场地，打扫现场卫生。

（2）根据任务分工要求，打扫实训场地卫生。

（3）根据工作现场要求，归位场地内的设施和设备。

（4）拉闸断电，保证实训场地的安全。

9.1.5 仪器仪表、工具与材料的归还

仪器仪表、工具与材料使用完毕后应归还相应管理部门或单位。

1）整理工作台和器件，归还电动机、低压电器和电工常用工具。

2）归还安全帽、工作鞋及相关材料。

9.2 相关知识介绍

9.2.1 速度继电器

速度继电器是反应转速和转向的继电器，主要用于笼型异步电动机的反接制动控制，所以也称为反接制动继电器。它主要由转子、定子和触头3部分组成：转子是一个圆柱形永久磁铁；定子是一个笼型空心圆环，由硅钢片叠成，并装有笼型绕组；触头由两组转换触头组成，一组在转子正转时动作，另一组在转子反转时动作。图9-3所示为JY1型速度继电器外形及结构原理图。速度继电器电路图形符号和文字符号如图9-4所示。

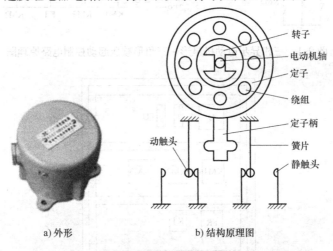

a) 外形   b) 结构原理图

图9-3 JY1型速度继电器外形及结构原理图

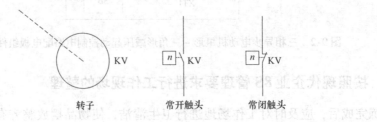

图9-4 速度继电器电路图形符号和文字符号

速度继电器工作原理：速度继电器转子的轴与被控电动机的轴相连接，而定子空套在转子上。当电动机转动时，速度继电器的转子随之转动，定子内的短路导体便切割磁场，产生感应电动势，从而产生电流。此电流与旋转的转子磁场作用产生转矩，于是定子开始转动，当转到一定角度时，装在定子轴上的摆锤推动簧片动作，使速度继电器常闭触头断开，常开触头闭合。当电动机转速低于某一值时，定子产生的转矩减小，速度继电器触头在弹簧作用下复位。

9.2.2 三相异步电动机减压起动控制电路

项目 8 所述的电动机正转和正反转等各种控制电路起动时，加在电动机定子绕组上的电压为额定电压，属于全压起动（直接起动）。直接起动电路简单，但起动电流大（$I_{ST} = (4\sim7)I_N$），将对电网其他设备造成一定的影响，因此当电动机功率较大时（大于 10 kW），需采取减压起动方式起动，以降低起动电流。

所谓减压起动，就是利用某些设备或者采用电动机定子绕组换接的方法，降低起动时加在电动机定子绕组上的电压，而起动后再将电压恢复到额定值，使之在正常电压下运行。因为电枢电流和电压成正比，所以降低电压可以减小起动电流，不致在电路中产生过大的电压降，减少对电路电压的影响，不过，因为电动机的电磁转矩和端电压平方成正比，所以电动机的起动转矩也就减小了，因此，减压起动一般需要在空载或轻载下起动。

三相笼型异步电动机常用的减压起动方法有定子串电阻（或电抗）、丫－△减压、自耦变压器起动几种，虽然方法各异，但目的都是为了减小起动电流。

1. 定子串电阻减压起动

电动机起动时在三相定子电路中串接电阻，使电动机定子绕组电压降低，起动后再将电阻短路，电动机仍然在正常电压下运行，这种起动方式由于不受电动机接线形式的限制，设备简单，因而在中小型机床中有应用。

2. 丫－△减压起动

定子绕组为丫联结时，由于电动机每相绕组额定电压只是△联结的 $1/\sqrt{3}$，电流是△联结的 1/3，电磁转矩也是△联结的 1/3。因此，对于△联结运行的电动机，在电动机起动时，先将定子绕组接成丫联结，实现了减压起动，减小起动电流，当起动即将完成时再换成△联结，各相绕组承受额定电压工作，电动机进入正常运行，故这种减压起动方法称为丫－△减压起动。

图 9-1 所示为丫－△减压起动控制电路，图中主电路由 3 组接触器主触头分别将电动机的定子绕组接成△联结和丫联结，即 KM1、KM3 主触头闭合时，绕组接成丫形，KM1、KM2 主触头闭合时，接为△联结，两种接线方式的切换要在很短的时间内完成，在控制电路中采用时间继电器实现定时自动切换。

控制电路工作过程：先合上电源开关 Q，再按以下步骤操作。

1）丫减压起动、△运行。按下起动按钮 SB2，KM1、KM3、KT 线圈得电，KM1、KM3 主触头闭合，电动机定子接成丫联结减压起动，KT 延时到，KM3 失电，KM2 得电，KM3 主触头复位，KM2 主触头闭合，电动机定子由丫联结接成△联结正常运行。

2）停止。按下 SB1→控制电路断电→KM1、KM2 线圈断电释放→电动机 M 断电停车。

用丫－△减压起动时，由于起动转矩降低很多，只适用于轻载或空载下起动的设备上。

此法最大的优点是所需设备较少，价格低，因而获得较广泛的应用。由于此法只能用于正常运行时为三角形联结的电动机上，因此我国生产的JO2系列、丫系列、丫2系列三相笼型异步电动机，凡功率在4kW及以上者，正常运行时都采用三角形联结。

3. 自耦变压器减压起动

自耦变压器减压起动是利用自耦变压器来降低加在电动机三相定子绕组上的电压，达到限制起动电流的目的。

9.2.3　三相异步电动机制动控制电路

电动机不采取任何措施直接切断电动机电源称为自由停车，电动机自由停车的时间较长，效率低，随惯性大小而不同，而某些生产机械要求迅速、准确地停车，如镗床、车床的主电动机需要快速停车；起重机为使重物停位准确及现场安全要求，也必须采用快速、可靠的制动方式。采用什么制动方式、用什么控制原则保证各种要求的可靠实现是本节要解决的问题。

制动可分为机械制动和电气制动。电气制动是在电动机转子上加一个与电动机转向相反的制动电磁转矩，使电动机转速迅速下降，或稳定在另一转速。常用的电气制动有反接制动与能耗制动。下面重点介绍三相异步电动机能耗制动控制电路。

能耗制动是指电动机脱离交流电源后，立即在定子绕组的任意两相中加入一直流电源，在电动机转子上产生一制动转矩，使电动机快速停下来。由于能耗制动采用直流电源，故也称为直流制动。按控制方式有时间原则与速度原则。

按速度原则控制的电动机单向运行能耗制动控制电路，如图9-5所示。由KM2的一对主触头接通交流电源，经整流后，由KM2的另两对主触头通过限流电阻向电动机的两相定子绕组提供直流。

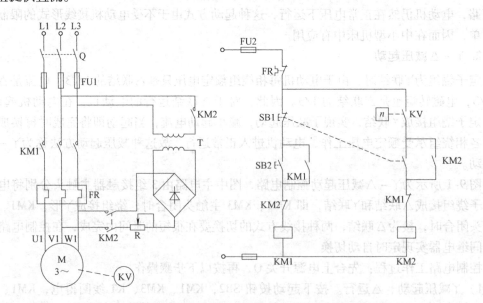

图9-5　按速度原则控制的电动机单向运行能耗制动控制电路

电路工作过程如下：假设速度继电器的动作值调整为120r/min，释放值为100r/min。合上开关Q，按下起动按钮SB2→KM1通电自锁，电动机起动。当转速上升至120r/min时，KV常开触头闭合，为KM2通电做准备。电动机正常运行时，KV常开触头一直保持闭合状态。当需停车时，按下停车按钮 SB1，SB1 常闭触头首先断开，使 KM1 断电，主回路中，电动机脱离三相交流电源。SB1 常开触头后闭合，使 KM2 线圈通电自锁。KM2 主触头闭合，交流电源经整流后经限流电阻向电动机提供直流电源，在电动机转子上产生一制动转矩，使电动机转速迅速下降。当转速下降至 100r/min 时，KV 常开触头断开，KM2 断电释放，切断直流电源，制动结束。电动机最后阶段自由停车。

对于功率较大的电动机应采用三相整流电路，而对于 10kW 以下的电动机，在制动要求不高的场合，为减少设备、降低成本、减少体积，可采用无变压器的单管直流制动。制动电路可参考相关书籍。

9.3 综合实训 三相异步电动机星形－三角形减压起动控制电路安装与维护

某机床要求实现三相异步电动机星形-三角形减压起动控制，按要求完成三相异步电动机丫－△减压起动控制电路安装与维护。

9.3.1 穿戴与使用绝缘防护用具

进入实训或者工作现场着装必须穿工作服（长袖）、戴安全帽。安全帽必须系紧帽带，长袖工作服不得卷袖。进入现场必须穿合格的工作鞋，任何人不得穿高跟鞋、网眼鞋、钉子鞋、凉鞋、拖鞋等进入现场。在有机械转动环境中工作的人员不许戴手套、系领带和围巾。

1）确认自己已经戴上了安全帽。
2）确认自己已经穿上了工作鞋。

9.3.2 仪器仪表、工具与材料的领取与检查

1. 所需仪器仪表、工具与材料

三角形接法的三相异步电动机、电动机控制接线练习板、交流接触器、熔断器、热继电器、按钮、开关、电工常用工具、万用表、安全帽、工作鞋、BVR－2.5mm^2 和 BVR－1mm^2 导线。

2. 仪器仪表、工具与材料领取

领取三相异步电动机等器材后，将对应的参数填写到表 9-3 中。

表 9-3 仪器仪表、工具与材料领取表

序号	名称	型号	规格与主要参数	数量	备注
1	三相异步电动机				
2	电动机控制接线练习板（采用行槽布线）				
3	热继电器				
4	交流接触器				
5	开关				
6	按钮				
7	熔断器				
8	电工常用工具				
9	万用表				
10	导线				

3. 检查领到的仪器仪表与工具

1）安全等级。

2）部件未损坏。

3）触头接触好。

9.3.3　学生训练内容与要求

要求学生成功完成三相异步电动机星形 – 三角形减压起动控制电路安装与维护 1 次，每次 100min 完成该项目。训练内容与完成情况见表 9-4。

表 9-4　三相异步电动机星形 – 三角形减压起动控制电路安装与维护训练内容与完成情况

序号	训练内容	操作过程记录	限时	完成情况记录
1	设计电路图		10min	
2	设计配电板组件布置图		10min	
3	选择常用低压电器		5min	
4	控制电路安装		30min	
5	主电路安装		30min	
6	通电试车		5min	
7	常见故障的分析与排除		10min	

9.3.4　按照现代企业 8S 管理要求进行工作现场的整理

训练完成后，应及时对工作场地进行卫生清洁，使物品摆放整齐有序，保持现场的整洁、安全，做到标准化管理。

1）整理自己的工作场地，打扫现场卫生。

2）根据任务分工要求，打扫实训场地卫生。

3）根据工作现场要求，归位场地内的设施和设备。

4）拉闸断电，保证实训场地的安全。

9.3.5　仪器仪表、工具与材料的归还

仪器仪表、工具与材料使用完毕后应归还相应管理部门或单位。

（1）归还接触器等电器、电动机和电工常用工具。

（2）归还安全帽、工作鞋及相关材料。

9.4　考核评价

考核评价表见表 9-5。

表 9-5　考核评价表

考核项目	考核内容	考核方式	百分比
态度	1）能按照现场管理要求（整理、整顿、清扫、清洁、素养、安全、节约、环保）安全文明生产 2）能认真积极完成三相异步电动机星形 – 三角形减压起动控制电路安装与维护 3）具有团队合作精神，具有一定的组织协调能力	学生自评 + 学生互评 + 教师评价	30%
技能	1）会按照要求正确选择元器件 2）会根据安装接线图合理布置各元器件 3）能严格按照工艺步骤完成三相异步电动机星形 – 三角形减压起动控制电路的安装与维护 4）会查找相关资料 5）会撰写项目报告并答辩	教师评价 + 学生互评 + 学生自评	40%
知识	1）掌握速度继电器、三相异步电动机等知识 2）掌握三相异步电动机星形 – 三角形减压起动控制电路知识 3）掌握异步电动机能耗制动控制电路相关知识 4）掌握三相异步电动机电路分析及设计技能 5）掌握电路排除故障的基本方法	教师评价	30%

9.5　拓展训练

在一些生产现场与实际应用中，如电梯的升降控制、铣床的两地控制，对于同一台生产机械需要在不同的两处或更多的几个地方对生产机械进行控制，以满足不同的控制要求，下面就对这种控制电路的设计技巧进行介绍。

1. 三地控制一台电动机的起动与停止

图 9-6 所示是三地控制一台电动机的起动与停止的电气控制原理图，SB1、SB2、SB3 分别是三个地方控制的电动机 M 的停止按钮；SB4、SB5、SB6 分别是三个地方控制电动机 M 的起动按钮。在设计这种多地控制电路时，要根据电路的控制要求来组合起动与停止按钮触头的串、并联。

在图 9-6b 中，将停止按钮的常闭触头串联，将起动按钮的常开触头并联，在三个地方按下任意一个起动按钮都能起动电动机 M，只要在三个地方任意按下一个停止按钮都能停止电动机 M。

2. 两地控制一台电动机的正反转

在 X62W 型万能铣床中，因加工需要，需要在两处安装控制按钮站，以方便加工人员在机床的正面和侧面均能对机床进行控制。其电气控制原理如图 9-7 所示，SB1、SB2 为机床上正、侧面两地总停开关；SB3、SB4 为 M1 电动机的两地正转起动控制，SB5、SB6 为 M2 电动机的两地反转起动控制。

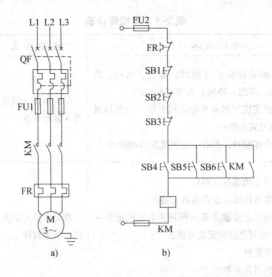

图 9-6 三地控制一台电动机的起动与停止的电气控制原理图

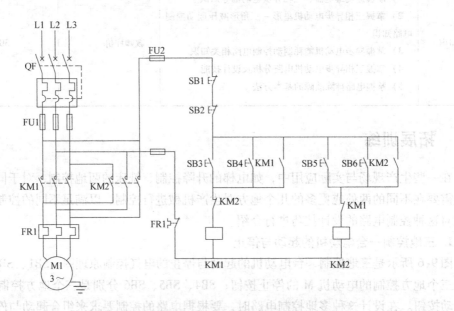

图 9-7 两地控制电动机正反转的电气控制原理

习题与思考题

9-1 什么叫减压起动？三相笼型异步电动机常采用哪些减压起动方法？

9-2 简述速度继电器的结构、工作原理及用途。

9-3 试设计三相异步电动机正反转星形 – 三角形减压起动控制电路。

9-4 试设计三相异步电动机正反转能耗制动控制电路。

9-5 一台电动机是Y/△联结，允许轻载起动，设计满足下列要求的控制电路。

1) 采用手动和自动控制减压起动。

2) 实现连续运转和点动工作，且当点动工作时要求处于减压状态工作。

3）具有必要的联锁和保护环节。

9-6 有两台电动机 M1 和 M2，要求：1）M1 先起动，经过 10s 后 M2 起动；2）M2 起动后，M1 立即停止。试设计其控制电路。

9-7 有一皮带廊全长 40m，输送带采用 55kW 电动机进行拖动，试设计其控制电路。设计要求：

1）电动机采用丫 – △减压起动控制。

2）采用两地控制方式。

3）至少有一个现场急停开关。

项目 10

CA6140 型车床电气控制电路的安装与检修

项目描述

在工厂中，机床的机械运动都是利用电动机进行驱动控制的，为了完成不同的加工与切削运动，工厂有各种不同功能与型号的机床设备，车床是使用最广泛的一种金属切削机床，主要用于加工各种回转表面与车削螺纹和进行孔加工。车床的电气控制电路虽然简单，却包含了普通机床电气控制电路的基本知识，掌握了 CA6140 型普通车床电气控制电路的原理图识读方法和控制电路的安装、调试与维修的一般方法，就可以举一反三地对其他机床的电气电路进行安装、调试与维修。并通过 CA6140 型车床电气控制电路的安装的强化训练，进一步巩固所学知识。

通过本项目 CA6140 型车床电气控制电路的安装、调试与维修，进一步掌握机床电气控制电路图的读图方法，能快速地识读普通常用的机床电气控制电路原理图；通过 CA6140 型车床电气控制电路的安装调试后，应掌握机床电气控制电路安装与维修的方法，能利用所学的方法独立地完成机床电气控制电路简单故障的排除。

10.1 项目演练 CA6140 型车床电气控制电路的安装与调试

10.1.1 穿戴与使用绝缘防护用具

进入实训室或者工作现场，必须穿工作服（长袖）、戴安全帽。戴安全帽时必须系紧帽带，穿长袖工作服时不得将袖卷起。进入现场必须穿合格的工作鞋，任何人不得穿高跟鞋、网眼鞋、钉子鞋、凉鞋、拖鞋等进入现场。在有机械转动环境中工作的人员不许戴手套、系领带和围巾。

任何人进入现场前必须确认：

1）自己戴上了安全帽。

2）自己穿上了工作鞋。

3）自己紧扣上衣领口、袖口。

10.1.2 仪器仪表、工具与材料的领取与检查

1. 所需仪器仪表、工具与材料

所需工具：电工常用工具一套。

所需仪表：绝缘电阻表、万用表各一块。

所需场地：能进行电气控制电路安装的工作台，工作台有三相交流电源。

所需材料：在学习 CA6140 型普通车床电气控制电路安装时，因为不需要机床的机械运动部分，所以可根据各自的学习条件与实际情况，将某些电器选用替代品，例如：大容量、特殊型号的电动机可选用小容量、普通的电动机或三盏 380V 的指示灯替代，CJ10 - 40 型接触器可用 CJ10 - 20 型或 CJ10 - 10 型替代，有条件的可直接在实际的车床上进行电气电路的安装。

CA6140 型普通车床电气控制电路的安装所需仪器仪表、工具与材料见表 10-1。

表 10-1 仪器仪表、工具与材料

符号	名　称	型　号	规　格	数量	用　途
M1	主轴电动机	Y132M - 4	7.5kW、15.4A、1440r/min	1	主运动和进给运动动力
M2	冷却泵电动机	A02 - 5612	90W、2800r/min	1	驱动冷却液泵
M3	刀架快速电动机	A02 - 7114	250W、1360r/min	1	刀架快速移动动力
FR1	热继电器	JR16 - 20/3D	整定电流 15.4A	1	M1 的过载保护
FR2	热继电器	JR16 - 20/3D	整定电流 0.32A	1	M2 的过载保护
KM1	交流接触器	CJ10 - 40	40A，线圈电压 110V	1	控制 M1
KM2	交流接触器	CJ10 - 10	10A，线圈电压 110V	1	控制 M2
KM3	交流接触器	CJ10 - 10	10A，线圈电压 110V	1	控制 M3
FU1	熔断器	RL1 - 15	380V、15A、1A 熔体	3	M2 的短路保护
FU2	熔断器	RL1 - 15	380V、15A、4A 熔体	3	M3 的短路保护
FU3	熔断器	RL1 - 15	380V、15A、1A 熔体	2	TC 的一次侧短路保护
FU4	熔断器	RL1 - 15	380V、15A、1A 熔体	1	电源指示灯短路保护
FU5	熔断器	RL1 - 15	380V、15A、2A 熔体	1	车床照明电路短路保护
FU6	熔断器	RL1 - 15	380V、15A、1A 熔体	1	控制电路短路保护
SB1	按钮	LAY3 - 10/3	绿色	1	M1 起动按钮
SB2	按钮	LAY3 - 01ZS/1	红色	1	M1 停机按钮
SB3	按钮	LAI9 - 11	500V、5A	1	M3 控制按钮
SAl	旋钮	LAY3 - 10X/2		1	M2 控制旋钮
SA2	旋钮	LAY3 - 01Y/2	带钥匙	1	电源开关锁
SA3	旋钮	HZ5	250V、5A	1	车床照明灯开关
SQ1	行程开关	JWM6 - 11		1	断电安全保护
SQ2	行程开关	JWM6 - 11		1	断电安全保护
HL	信号灯	ZSD - 0	6V	1	电源指示
QF	断路器	AM1 - 25	25A	1	电源开关
TC	控制变压器	BK2 - 100	100VA，380/110、36、24V	1	控制、照明电源
EL	照明灯	JC11	24V，40W	1	工作照明
	绝缘导线	BVR		若干	电路连接
	机床电气电路安装板			1	电路安装用
	电工常用工具			1	电路安装用
	万用表	MF - 500		1	电气元件与电路测量
	绝缘电阻表	ZC25 - 3		1	测量电路绝缘

2. 检查领到的仪器仪表与工具

1）检查电工常用工具绝缘护套是否良好。

2）检查电动机绕组与绝缘是否良好。

3）检查各电器元件是否损坏，机械动作是否灵活。

4）检查万用表各个档位是否损坏。

5）检查绝缘电阻表好坏。

10.1.3 CA6140 型普通车床电气控制电路的安装

在进行 CA6140 型车床的电气控制电路的安装时，能识读车床的电气原理与电器元件的布置图以及电气安装接线图。如图 10-1 所示电气控制电路原理图，CA6140 型车床由三台电动机进行拖动：M1 为主轴电动机，拖动车床的主轴旋转，并通过进给机构实现车床的进给运动；M2 为冷却泵电动机，拖动冷却泵在切削过程中为刀具和工件提供冷却液；M3 为刀架快速移动电动机。CA6140 型车床各电器元件在车床上的位置示意图如图 10-2 所示。

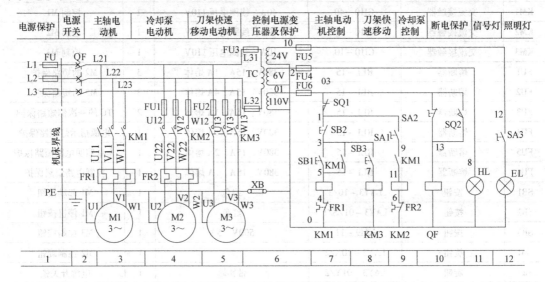

图 10-1　CA6140 型车床的电气控制电路原理图

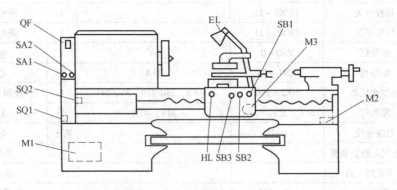

图 10-2　CA6140 型车床各电器元件在车床上的位置示意图

CA6140 型普通车床电气控制电路安装步骤与方法见表 10-2，电器元件的布置与安装接线图如图 10-3 所示。

表 10-2　CA6140 型车床电气控制电路安装步骤与方法

序号	步　骤	方　法	完成情况
1	电器元件安装布局	1）对安装用的电器元件进行检测，保证被安装的电器元件无损坏 2）参考图 10-3，按 CA6140 型车床电气控制电路安装板电器元件的布局，将相关的电器元件整齐、牢固地安装在电路安装板上 3）根据图 10-2，将电路安装板外的电器元件固定在相应的位置上 4）根据车床电器的实际情况进行金属软管的安装	
2	电气电路的连接	1）车床控制电路安装配线方法有多种，车床的控制电路简单，可采用板前硬导线布线 2）参考图 10-3，根据 CA6140 型车床电气原理图进行电气电路的连接 3）硬导线配线时，应横平竖直，导线与电器接线柱连接时应牢固，无松动现象 4）3 台电动机、控制按钮、照明灯等与控制板之间的接线应穿过金属软管，通过接线端子板与电气安装板内的电器相连，三相电源的进线也应接到接线端子板上	
3	电气电路试车前的检查	电气电路安装完毕，在试车前，电路不允许有短路故障，因此，应对安装的电路进行通电前的常规检查 1）电气电路安装完毕，按原理图检查电路有无接错与漏接现象 2）在电气安装板的接线端子上断开电动机的与电气控制电路的连接，用绝缘电阻表测量电路的绝缘电阻，应不小于 0.5MΩ，各开关电器动作灵活，无安装过程中的损坏现象 3）在真实车床安装时，还要选择合适的熔断器的熔丝的容量；热继电器在安装前要根据被保护电动机容量进行动作值的整定 4）用手压合接触器，用万用表检测电路有无短路与开路故障	
4	控制电路的调试	在未接入电动机之前进行控制电路的试车 1）合上电源开关 QF，电源指示灯亮，分别按下主轴起停控制按钮与快速进给按钮，接触器线圈会相对应地得电与失电，应无电器动作错误故障 2）接触器得电后应无异常噪声	
5	电路整体的调试	在控制电路动作正常后进行主电路的调试 1）电动机接入相应的控制电路上，合上 QF 电源开关，再按下电动机的起停按钮，观察电动机有无异常现象 2）根据车床加工工艺的需要，结合电气原理图，起停控制每一台电动机，检查电动机的起停是否正确，转向是否合格，电动机声音是否正常，电动机拖动的机械运动是否正常	

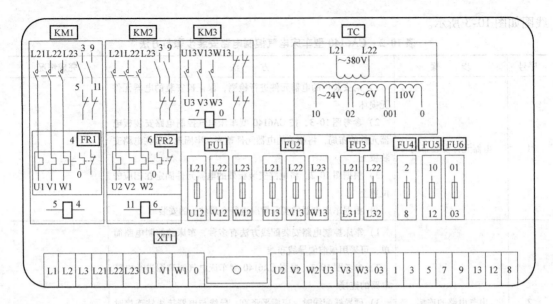

图 10-3　CA6140 型车床电器元件的布置与安装接线图

10.1.4　按照现代企业 8S 管理要求进行工作现场的整理

训练完成后，应及时对工作场地进行卫生清洁，使物品摆放整齐有序，保持现场的整洁、安全，做到标准化管理。

1）整理自己的工作场地，打扫现场卫生。

2）根据任务分工要求，打扫实训场地卫生。

3）根据工作现场要求，归位场地内的设施和设备。

4）拉闸断电，保证实训场地的安全。

10.1.5　仪器仪表、工具与材料的归还

仪器仪表、工具与材料使用完毕后应归还相应管理部门或单位。

1）归还安全帽、绝缘鞋。

2）归还电工工具，应无损坏与丢失。

3）归还绝缘电阻表，应无损坏。

4）归还万用表，应无损坏。

10.2　相关知识介绍

10.2.1　电气控制系统图的构成规则和绘图的基本方法

电气控制电路由许多电器元件按照一定的要求和规律连接而成。为了表达各种设备的电气控制系统的结构和原理，便于电气控制系统的安装、调试、使用和维修，需要将电气控制系统中各电器元件及它们之间的连接线路用一定的图形表达出来，这就是电气控制系统图。

电气控制系统图一般包括电气原理图、电器布置图和电气安装接线图三种，各种图有其不同的用途和规定画法，都要求按照统一的图形和文字符号及标准画法来绘制。为此，国家制订了一系列标准，用来规范电气控制系统的各种技术资料。

1. 电气控制系统图中常用的图形符号和文字符号

国家标准局参照国际电工委员会（IEC）颁布的标准制订了我国电气设备有关的国家标准，例如《电气简图用图形符号》（GB/T 4728—2005、2008）。

2. 电气控制系统图绘制的基本原则和基本方法

（1）电气原理图　电气原理图用图形和文字符号表示电路中各个电器元件的连接关系和电气工作原理，它并不反映电器元件的实际大小和安装位置。现以 CA6140 型普通车床的电气控制电路原理图（图 10-1）为例来说明绘制电气原理图应遵循的一些基本原则：

1）电气原理图一般分为主电路、控制电路和辅助电路。主电路包括从电源到电动机的电路，是大电流通过的部分，画在图的左边（如图 10-1 中的 1~5 区）。控制电路和辅助电路通过的电流相对较小，控制电路一般为继电器、接触器的线圈电路，包括各种主令电器、继电器、接触器的触点（如图 10-1 中的 7~9 区）。辅助电路一般指照明、信号指示、检测等电路（如图 10-1 中的 10~12 区）。各电路均应尽可能按动作顺序由上至下、由左至右画出。

2）电气原理图中所有电器元件的图形和文字符号必须采用国家规定的统一标准。在电气原理图中，电器元件采用分离画法，即同一电器的各个部件可以不画在一起，但必须用同一文字符号标注。对于同类电器，应在文字符号后加数字序号以示区别（如图 10-1 中的 FU1~FU4）。

3）在电气原理图中，所有电器的可动部分均按原始状态画出。即对于继电器、接触器的触点，应按其线圈不通电时的状态画出；对于控制器，应按其手柄处于零位时的状态画出；对于按钮、行程开关等主令电器，应按其未受外力作用时的状态画出。

4）动力电路的电源线应水平画出；主电路应垂直于电源线画出；控制电路和辅助电路应垂直于两条或几条水平电源线；耗能元件（如线圈、电磁阀、照明灯和信号灯）等应接在下面一条电源线的一侧，而各种控制触点应接在另一条电源线上。

5）应尽量减少导线数量和避免导线交叉。各导线之间有电联系时，应在导线交叉处画实心圆点。根据图面布置需要，可以将图形符号旋转绘制，一般按逆时针方向旋转90°，但其文字符号不可倒置。

6）为方便阅图，在电气原理图中可将图分成若干个图区，并标明各图区电路的用途或作用。

（2）电器布置图　电器布置图反映各电器元件的实际安装位置，在图中电器元件用实线框表示，而不必按其外形形状画出。在图中往往留有 10% 以上的备用面积及导线管（槽）位置，以供走线和改进设计时使用。在图中还需要标注出必要的尺寸。图 10-4 所示为 CA6140 型普通车床的电器布置图。

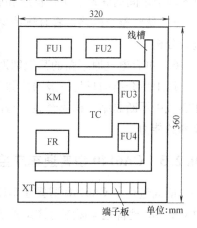

图 10-4　CA6140 型普通车床的
电器布置图

（3）电气安装接线图　电气安装接线图反映电气设备各控制单元内部元件之间的接线关系。图10-3所示为 CA6140 型普通车床的电气安装接线图。

绘制电气安装接线图应遵循以下原则：

1）各电器元件必须用规定的图形和文字符号绘制。同一电器的各部分必须画在一起，其图形、文字符号和端子板的编号必须与原理图一致。各电器元件的位置必须与电器布置图相对应。

2）不在同一控制柜、控制屏等控制单元上的电器元件之间的电气连接必须通过端子板进行。

3）在电气安装接线图中，布线方向相同的导线用线束表示，连接导线应注明导线的规格（数量、截面积等）；若采用线管布线，须留有一定数量的备用导线，还应注明线管的尺寸和材料。

10.2.2　生产机械设备电气控制电路图的读图方法

学习机床电气控制应该在充分了解各种机床机械运动的基础上，对其电气控制电路加深理解，熟悉机、电配合及动作情况，掌握各种典型机床的电气控制原理，从而能够读懂一般复杂的电气原理图。机床和其他生产机械设备电气控制电路图的读图基本方法：

1）首先应了解设备的基本结构、运行情况、工艺要求、操作方法以及设备对电力拖动的要求、电气控制和保护的具体要求，以期对设备有一个总体的了解，为阅读电气控制电路图做好准备。

2）阅读电气原理图中的主电路，了解电力拖动系统由几台拖动电动机所组成，并结合工艺了解电动机的运行状况（如起动、制动方式，是否正、反转，有无调速要求等）及各用什么电器实行控制和保护。

3）阅读电气原理图的控制电路。在熟悉电动机控制电路基本环节的基础上，按照设备的工艺要求和动作顺序，分析各个控制环节的工作原理和工作过程。

4）根据设备电气控制和保护的要求，结合设备机械、电气、液压系统的配合情况，分析各环节之间的联系、工作程序和联锁关系。

5）统观整个电路，看有哪些保护环节。有些电器的工作情况可结合电气安装接线图来进行分析。

6）再看电气原理图的其他辅助电路（如检测、信号指示、照明电路等）。

以上所介绍的只是一般的步骤和方法。在这方面没有一个固定的模式或程序，重要的是在实践中不断总结、积累经验。每阅读完一个电路，都应注意分析，总结其特点，不断提高读图的能力。

10.2.3　CA6140 型普通车床控制电路

前面进行了 CA6140 型普通车床电气电路的安装，初步了解了车床的电气控制要求，现对 CA6140 型普通车床进行详细的介绍。CA6140 型车床是一种常用的普通车床，其外形及基本结构如图10-5所示，主要由床身、主轴变速箱、主轴（主轴上带有用于夹持工件的卡盘）、挂轮箱、进给箱、溜板箱、溜板和刀架、尾架、丝杠与光杆等组成。

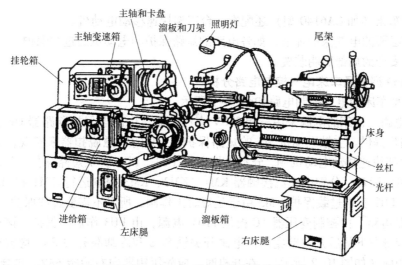

图 10-5 CA6140 型车床外形及基本结构

1. CA6140 型普通车床的主要结构和运动形式

车床是使用最广泛的一种金属切削机床，主要用于加工各种回转表面（内、外圆柱面、端面、圆锥面及成型回转面等），还可用于车削螺纹和进行孔加工。在进行车削加工时，工件被夹在卡盘上由主轴带动旋转；加工工具——车刀被装在刀架上，由溜板和溜板箱带动做横向和纵向运动，以改变车削加工的位置和深度。因此，车床的主运动是主轴的旋转运动，进给运动就是溜板箱带动刀架的直线运动（如图 10-6 所示），而辅助运动则包括刀架的快速移动和工件的夹紧和放松。

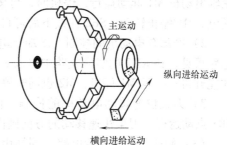

图 10-6 车床的主运动和进给运动示意图

2. 车床的电力拖动形式和控制要求

车床的主轴一般只需要单向旋转，只有在加工螺纹需要退刀时，才需要主轴反转。根据加工工艺要求，要求主轴能够在相当宽的范围进行调速。一般中、小型普通车床的主轴运动都用笼型感应电动机来拖动，电动机通过带轮将动力传递到主轴变速箱带动主轴旋转，由机械变速箱调节主轴的转速。主轴的反转可以用机械方法实现，也可以由电动机的反转来实现。

车床运行时，绝大部分功率都消耗在主运动上，刀架进给运动所消耗的功率很小。而且由于车削螺纹时要求主轴的旋转速度与刀具的进给速度保持严格的比例关系，因此一般中、小型车床的进给运动也由主轴电动机来拖动。主轴电动机的动力由主轴箱、挂轮箱传到进给箱，再由光杆或丝杠传到溜板箱，由溜板箱带动溜板和刀架作纵、横两个方向的进给运动。

因此，车床对电力拖动及其控制有以下基本要求：

1）车床的主运动和进给运动采用笼型感应电动机拖动。车床采用机械方法调速，对电动机没有调速的要求；一般采用机械方法反转，但有的车床也要求主轴电动机能够反转；主轴电动机直接起动。

2）在车削加工时，为防止刀具和工件温度过高，需要由一台冷却泵电动机来提供冷却液。一般要求冷却泵电动机在主轴电动机起动后才能起动，主轴电动机停机，冷却泵电动机也同时停机。

3）有的车床（如 CA6140 型）还配有一台刀架快速移动电动机。

4）具有必要的电气保护环节，如各电路的短路保护和电动机的过载保护。

5）具有安全的局部照明装置。

3. CA6140 型普通车床电气控制电路分析

CA6140 型车床的电气控制电路如图 10-1 所示。

（1）主电路 机床的电源采用三相 380V 交流电源，由漏电保护断路器 QF 引入，总熔断器 FU 由用户提供。主轴电动机 M1 的短路保护由 QF 的电磁脱扣器来实现，而冷却泵电动机 M2 和刀架快速移动电动机 M3 分别由熔断器 FU1、FU2 实现短路保护。3 台电动机均直接起动，单向运转，分别由交流接触器 KM1、KM2、KM3 控制运行。M1 和 M2 分别由热继电器 FR1、FR2 实现过载保护，M3 由于是短时工作制，所以不需要过载保护。

（2）控制电路 由控制变压器 TC 提供 110V 电源，由 FU3 作短路保护。该车床的电气控制盘装在床身左下部后方的壁龛内，电源开关锁 SA2 和冷却泵开关 SA1 均装在床头挂轮保护罩的前侧面（如图 10-2 所示）。在开机时，应先用钥匙向右旋转 SA2，再合上 QF 接通电源，然后就可以操作电动机了。

1）主轴电动机的控制。按下装在溜板箱上的绿色按钮 SB1，接触器 KM1 通电并自锁，主轴电动机 M1 起动运行；停机时，可按下装在 SB1 旁边的红色蘑菇形按钮 SB2，随着 KM1 断电，M1 停止转动；SB2 在按下后可自行锁住，要复位需向右旋转。

2）冷却泵电动机的控制。冷却泵电动机 M2 由旋钮 SA1 操纵，通过 KM2 控制。由控制电路可见，在 KM2 的线圈支路中串入 KM1 的辅助常开触点。显然，M2 需在 M1 起动运行后才能开机；一旦 M1 停机，M2 也同时停机。

3）刀架快速移动电动机的控制。由控制电路可见，刀架快速移动电动机 M3 由按钮 SB3 点动运行。刀架快速移动的方向则由装在溜板箱上的十字形手柄控制。

（3）照明与信号指示电路 同样由 TC 提供电源，EL 为车床照明灯，电压为 24V；HL 为电源指示灯，电压为 6V。EL 和 HL 分别由 FU5 和 FU4 作短路保护。

（4）电气保护环节 除短路和过载保护外，该电路还设有由行程开关 SQ1、SQ2 组成的断电保护环节。SQ2 为电气箱安全行程开关，当 SA2 左旋锁上或者电气控制盘的壁龛门被打开时，SQ2 闭合，使 QF 自动断开，此时即使出现误合闸，QF 也可以在 0.1s 内再次自动跳闸。SQ1 为挂轮箱安全行程开关，当箱罩被打开后，SQ1 断开，使主轴电动机停机。

10.2.4 CA6140 型普通车床电气控制电路的安装步骤

1. 检查

按照由实训室提供的 3 台电动机的型号、参数，对照电气原理图 10-1，并参考电器明细表表 10-1 对所需的仪器仪表、电器元件进行好坏检查。

1）测量电动机 M1、M2、M3 绕组间及对地绝缘电阻是否大于 $0.5M\Omega$，否则要进行浸漆及烘干处理；测量电路对地电阻是否大于 $3M\Omega$。检查电动机是否转动灵活，轴承有无缺油等不正常现象。

2）检查低压断路器、熔断器是否和电器元件表一致，热继电器调整是否合理等。

2. 安装、接线

1）按图 10-2、图 10-3 将电器安装在控制板上与控制板的外部。

2）控制板内的接线与板外电器的接线先接到接线端子板上。

3）3 台电动机、控制按钮、照明灯等与控制板之间的接线应穿过金属软管，通过接线端子板与板内的电器相连。三相电源的进线也应接到接线端子板上。

3. 电气系统的一般调试

1）检查主回路、控制回路电器元件是否完好、动作是否灵活、有无接错、掉线、漏接以及螺钉松动等现象，接地系统是否可靠。

2）断开交流接触器下接线端子的电动机引线，接上起动和停止按钮。在电气柜电源的进线端通上三相额定电压，按起动按钮，观察交流接触器是否吸合。松开起动按钮后能否有自锁功能，然后用万用表 500V 交流挡量程测量交流接触器下接线端子有无三相额定电压，是否有缺相。如果电压正常、按停止按钮，观察交流接触器是否能断开。一切动作正常后、断开总的电源，准备试车。

3）控制回路试车：

① 将电动机 M1、M2、M3 接线端断开，并包好绝缘。

② 先接通低压断路器 QF，检查熔断器 FU 前后有无 380V 电压。

③ 检查控制变压器一次电压和二次电压是否分别为 380V，24V、6V 和 110V，然后检查 FU4、FU5 和 FU6 后面电压是否正常，电源指示灯 HL 应该亮。

④ 按下 SB1 按钮，接触器 KM1 应吸上，检查 U1、V1 和 W1 之间有无 380V 电压，再按下 SB2 按钮，KM1 释放，同时 U1、V1 和 W1 之间无电压，接触器无异常响声。

⑤ 按下 SB3 可检查 KM3 和 U3、V3、W3。

⑥ 按下 SB1 和接通冷却泵旋钮开关 SA1 可检查 KM2 和 U2、V2、W2。

⑦ 断开热继电器 FR1 或 FR2 的辅助触点，KM1、KM2、KM3 不吸合。

⑧ 接通照明旋钮开关 SA2、照明灯 EL 亮。

4）主回路通电试车：

① 断开机械负载，分别连接电动机与端子 U1、V1、W1、U2、V2、W2、U3、V3、W3 之间的连线。按控制电路试车的顺序试车，检查主轴电动机 M1、冷却泵电动机 M2 和刀架快速移动电动机 M3 运转是否正常。

② 检查电动机旋转方向是否与工艺要求相同，检查电动机空载电流是否正常。

③ 经过一段时间试运行，观察、检查电动机有无异常响声、异味、冒烟、振动以及温升过高等异常现象。

④ 让电动机带上机械负载、按控制电路试车的顺序试车，检查能否满足工艺要求而动作，并按最大切削负载运转。检查电动机电流是否超过额定值。再按上述③项中的内容检查电动机。

以上各项调试完毕后，全部合格才能验收，交付使用。

4. 车床电气控制电路安装与调试的注意事项

1）在控制板上安装电器要注意定位准确，使电器排列整齐。拧紧螺钉时用力要适中，注意不要过紧导致电器的底座（如熔断器的陶瓷底座）破裂。

2）接线不要接错（特别是穿过软管的接线），应接一个线头套上一个编码套管，并随后在接线图上做标记。

3）在起动电动机前，应用钳形电流表夹住电动机 3 根引线的其中 1 根引线，来测量电动机的起动电流。电动机的起动电流一般是额定电流的 5 ~ 7 倍。测量时钳形电流表的最大量程应超过这一数值的 1.2 ~ 1.5 倍，否则容易损坏钳形电流表，或造成测量数据不准确。

4）当电动机正常运转后，用钳形电流表依次卡住电动机3根引线，分别测量电动机的三相电流，比较它们是否平衡，空载和有负载时电流是否超过额定值。

10.2.5 机床电气控制电路故障检查的常用方法

机床电气电路会经常出现故障，在排除修复这些电气故障时需要多方面的综合知识与综合能力，涉及多门课程知识，也需要在机床电气故障检修中不断总结经验，这样才能更快更好地对机床电气故障进行维修。下面介绍在一般的机床电气故障维修中，一些常用的电气故障检测方法。

1. 电压测量法

电压测量法就是使用万用表检测电路的工作电压，将测量结果和正常值做比较。电压测量法又分为电压分阶测量法和电压分段测量法。现就电压分段测量法作进一步介绍。将万用表的选择开关置于交流电压250V档位，先用万用表测01-0两点，电压值为110V，说明电压正常。按住起动按钮SB1然后逐段测量相邻两点03-1、1-3、3-5、5-4、4-0之间的电压值，如电路正常，除5-4两点间的电压为110V外，其余相邻两点间的电压值均为零。

2. 电阻分段测量法

使用万用表电阻档R×10，先切断电源，按下起动按钮SB1，然后依次逐段测量相邻两标号03-1、1-3、3-5、4-0间的电阻值。若电路正常，则上述各两标号间的电阻值为零。4-5间为KM1线圈的电阻值。如测得某两点间的电阻值为无穷大，说明这两点间的触头接触不良、线圈或连接导线断路。根据其测量结果可找出故障点。

3. 短接法

短接法是用一根绝缘良好的导线，把所怀疑的断路部位短接。如短接过程中电路被接通，就说明该处断路。

按下主轴起动按钮SB1，接触器KM1不吸合，说明该电路有断路故障。检修时，先用万用表交流电压250V档测0-1两点间的电压值，若电压正常，可按下SB1不放，用一根绝缘良好的导线分别短接03-1、1-3、3-5、4-0。当短接到某两点时，接触器KM1通电吸合，说明断路故障点就在这两点之间。

注意：短接法一般用于控制电路，不能在主电路中使用，且绝对不能短接负载，如接触器KM1线圈的两端，否则将发生短路故障。

在实际检修中，机床电气故障是多样的，就是同一种故障现象，发生的故障部位也是不同的。因此，采用以上故障检修步骤和方法时，不要生搬硬套，而应按不同的故障情况灵活应用，力求迅速、准确地找出故障点，查明故障原因，及时正确地排除故障。

10.3 综合实训 CA6140型车床电气控制电路的安装调试

10.3.1 穿戴与使用绝缘防护用具

进入实训室或者工作现场，必须穿工作服（长袖）、戴安全帽。安全帽必须系紧帽带，长袖工作服不得卷袖。进入现场必须穿合格的工作鞋，任何人不得穿高跟鞋、网眼鞋、钉子鞋、凉鞋、拖鞋等进入现场。在有机械转动环境中工作的人员不许戴手套、系领带和围巾。

1）确认工作者戴上了安全帽。
2）确认工作者穿上了工作鞋。
3）确认工作者紧扣上衣领口、袖。

10.3.2 仪器仪表、工具与材料的领取与检查

1. 所需仪器仪表、工具与材料

电工常用工具一套、绝缘电阻表一块、万用表一块、安全帽、工作鞋、导线、电工绝缘胶带以及 CA6140 型车床电气控制电路电器。

2. 仪器仪表、工具与材料领取

领取吊扇等表 10-1 所列仪器仪表、工具与材料后，将对应的参数填入表 10-3 中。

表 10-3 仪器仪表、工具与材料领取表

序号	名称	型号	规格与主要参数	数量	备注
1					
2					
3					
4					
5					

10.3.3 CA6140 型车床电气控制电路的安装调试

进行 CA6140 型车床电气控制电路安装调试的技能实训，安装与调试的时间不超过 480min，在安装时，根据图 10-2 与图 10-3 进行电器元件的布局与安装，按图 10-1 与图 10-3 进行车床的电气控制电路的安装接线，安装结束后根据表 10-4 所述的步骤对电路进行通电试车。

表 10-4 训练内容

序号	训练内容	操作步骤	时长	完成情况记录
1	电动机与电器元件质量检查	主轴电动机绕组直流电阻检查： 绕组绝缘电阻检查： 冷却泵电动机绕组直流电阻检查： 绕组绝缘电阻检查： 刀架快速电动机绕组直流电阻检查： 绕组绝缘电阻检查： 控制变压器绕组直流电阻检查： 绕组绝缘电阻检查： 交流接触器线圈检查： 触头检查： 热继电器热元件检查： 触头检查： 熔断器熔体检查： 行程开关触头检查： 信号灯好坏检查： 断路器分合情况检查： 触头检查： 导线外观检查：		

（续）

序号	训练内容	操作步骤	时长	完成情况记录
2	电器元件布局与安装	控制变压器安装：		
		3 个接触器安装：		
		2 个热继电器安装：		
		6 组熔断器安装：		
		接线端子安装：		
		按钮安装：		
		行程开关安装：		
		3 台电动机安装：		
3	电气电路的连接	主轴电动机主电路接线：		
		冷却泵主电路接线：		
		刀架控制电动机主电路接线：		
		主轴、冷却泵、刀架控制电路接线：		
		控制变压器、照明、指示电路接线：		
4	电气电路试车前的检查	主电路绝缘电阻测试：		
		控制电路绝缘电阻测试：		
		照明电路绝缘电阻测试：		
		指示灯电路绝缘电阻测试：		
5	控制电路的调试	接上电源线，合上 QF 进行控制电路调试：		
		主轴起停控制调试：		
		冷却泵控制调试：		
		刀架控制调试：		
		照明灯控制调试：		
		指示电路工作情况：		
6	CA6140 型车床电气控制电路整体工作情况	控制电路调试成功后，将电动机接入相应的控制电路上，合上 QS 电源开关再按下电动机的起停按钮，观察电动机工作情况		
		冷却泵工作情况：		
		主轴工作情况：		
		刀架运动情况：		
		照明灯工作情况：		
		3 台电动机工作情况：		

10.3.4 按照现代企业 8S 管理要求进行工作现场的整理

训练完成后，应及时对工作场地进行卫生清洁，使物品摆放整齐有序，保持现场的整洁、安全，做到标准化管理。

1）整理自己的工作场地，打扫现场卫生。

2）根据任务分工要求，打扫实训场地卫生。

3）根据工作现场要求，归位场地内的设施和设备。

4）拉闸断电，保证实训场地的安全。

10.3.5 仪器仪表、工具与材料的归还

仪器仪表、工具与材料使用完毕后应归还相应管理部门或单位。

1）整理工作台和器件，归还仪器仪表和电工常用工具。

2）归还安全帽、工作鞋及相关材料。

10.4 考核评价

考核评价见表 10-5。

表 10-5 考核评价表

考核项目	考核内容	考核方式	百分比
态度	1）按照现场管理要求（整理、整顿、清扫、清洁、素养、安全、节约、环保）安全文明生产 2）根据电气原理图、电器元件位置图与电气安装接线图完成机床电气电路的安装与调试任务 3）具有团队合作精神，具有一定的组织协调能力	学生自评＋学生互评＋教师评价	30%
技能	1）熟练使用常用的电工工具，不能将电笔当做螺钉旋具使用 2）与团队共同协作，能根据电气原理图、电器元件位置图与电气安装接线图完成 CA6140 车床电气电路的安装与调试工作 3）在电路调试过程出现电路故障时，能根据电气原理图，结合以前所学的电路故障排除方法，及时有效地排除电气电路在安装过程中可能出现的电气故障，保证电气电路的正常工作 4）在工作中遇到问题，能通过各种途径查找相关资料与书籍，学会独立解决问题 5）会撰写项目报告	教师评价＋学生互评＋学生自评	40%
知识	1）掌握车床电气原理图的识读方法 2）掌握车床电气控制电路的安装方法 3）掌握车床电气电路的调试方法 4）掌握车床电气故障的排除方法	教师评价	30%

10.5 拓展训练

下面介绍 CA6140 型车床电气控制电路故障排除。

通过 CA6140 型车床电气控制电路的安装与调试的学习，初步掌握了机床电气电路的简单故障与调试的方法，在机床电气故障的维修中，一般在读懂机床电气原理图后，分析故障的方法与故障排除的方法都大同小异。这里进一步通过对 CA6140 型车床电气控制电路的电气故障排除方法的学习，为其他的机床电气故障排除起到抛砖引玉的作用。

1. 拓展训练

教师在学生安装调试完成、通电试车成功后的电气电路中，根据机床电气电路在日常工作中经常出现的一些自然故障，人为设置电路故障，供学生进行机床电气故障排除的模拟练习，如更换电气元件、紧固线头的修复等。更换的新元件要注意尽量使用相同规格型号，并进行性能检测，确认性能完好后方可替换。特别是熔体要更换相同的规格型号，不得随意加大规格。在故障排除中还要注意保护周围的元件导线等，不可再扩大故障。

2. 所需仪器仪表、工具与材料

1）电工工具 1 套。

2）万用表 1 块。

3. 电气故障排除方法

机床电气故障排除步骤与方法见表 10-6。

表 10-6 机床电气故障排除步骤与方法

序号	步　骤	方　法	完成情况
1	故障现象	根据机床操作者对机床故障现象的描述，分析是机械故障还是电气故障，如是机械故障应与机械维修人员进行联系	
2	故障分析	确定是电气故障后，根据操作者对机床操作时电器动作的特点与故障现象，根据机床的电气原理分析判断故障的大致范围	
3	故障排除	1）在电气原理图上确定故障大致范围，使用电压法、电阻法用验电笔、万用表对电气电路进行测量判断，确定故障点是电气导线还是电器元件的损坏，根据实际情况进行故障的修复 2）在故障分析判断过程中，根据机床电气原理图的分析，正确使用电笔、万用表进行测量，使用万用表测量时，每次都要注意档位的选择，千万不能错用电阻、电流档位测量电压 3）不断地根据测量结果判断电气故障的最小范围，在故障查找中学会总结电气故障查找的经验，这对初学者是很有帮助的	
4	通电试车	1）电气故障排除后，机床能否正常运行，还需要通电试车，在通电试车前，应将所有的仪器仪表与检修工具归位 2）将在检修过程中所有打开的电器开关、屏柜的门关闭 3）送电时，一人操作一人监护，防止安全事故的发生	
5	仪表与人身安全	1）用电笔进行机床电气有无电的测试时，应先在有电的电源上进行电笔好坏的判别，且不能在强光下进行，以免造成误判 2）在进行机床电气电路排除故障时，要保持头脑清醒，用万用表测量电压时，一定要将表的转换开关转至合适的电压量程上，千万不能误用电阻档测量电压 3）需要用手接触电器开关时，一定要在确认总电源已断开后才能进行触摸，确保人身安全	
6	现场整洁	检修完毕后，清理工作现场，检查有无遗漏在工作现场的工具、仪表、器材等物品，整理工作场所，保持检修场所的整洁，养成良好的工作习惯	

4. CA6140 型普通车床控制电路的常见故障与检修

（1）合上电源开关 QF，电源指示灯 HL 不亮

1）合上照明灯开关，看照明灯是否亮，如果照明灯能亮，则说明控制变压器 TC 之前的电源电路没有问题。可检查熔断器 FU4 是否熔断；指示灯泡是否烧坏；灯泡与灯座之间接触是否良好。如果都没有问题，则用万用表交流电压档检查控制变压器有无 6V 电压输出。通过测量可确定是连线问题，还是控制变压器的 6V 绕组问题，或是某处有接触不良的问题。

2）如果照明灯不亮，则故障很可能发生在控制变压器之前，或电源指示灯和照明灯电路同时出现问题。但发生这种情况的概率毕竟很小，一般应先从控制变压器前查起。

首先检查熔断器 FU 是否熔断，如果没有问题，可用万用表的交流 500V 档测量电源开关 QF 输出端 L21、L22 间电压是否正常。如果不正常，再检查电源开关输入电源进线端，从而可判断出故障是电源进线无电压，还是电源开关接触不良或损坏；如果 L21、L22 间电压正常，可再检查控制变压器 TC 输入接线端电压是否正常。如果不正常，应检查电源开关输出到控制变压器输入之间的电路，例如，连线是否有问题、熔断器 FU3 是否良好等。如果变压器输入电压正常，可再测量变压器 6V 绕组输出端的电压是否正常。如果不正常，则说明控制变压器有问题；如果正常，则说明电源指示灯和照明灯电路同时出现问题，可按前面的步骤进行检查，直到查出故障点。

（2）合上电源开关 QF，电源指示灯 HL 亮，合上照明灯开关 SA3，照明灯 EL 不亮 首先检查照明灯泡是否烧坏；熔断器 FU5 对公共端有无电压。

1）如果熔断器上端有电压，下端无电压，则说明是熔断器熔体与熔断器座之间接触不良，或熔丝熔断，断电后，用万用表的电阻档再进一步确认。

2）如果熔断器输入端都无电压，应检查控制变压器 TC 的 24V 绕组输出端。如果有电压，则是变压器输出到熔断器之间的连线有问题；如果无电压，则是控制变压器 24V 绕组有问题。

3）如果熔断器两端都有电压，再检查照明灯两端有无电压。如果有电压，说明照明灯泡与灯座之间接触不好；如果无电压，可继续检查照明灯开关两端的电压，从而判断是连线问题还是开关问题。

（3）按下 SB1，电动机 M1 不转 在电源指示灯亮的情况下，首先检查接触器 KM1 是否能吸合。

1）如果 KM1 不吸合，可检查热继电器的常闭触头 FR1 是否动作后未复位；熔断器 FU6 是否熔断。如果没有问题，可用万用表交流 250V 档逐级检查接触器 KM1 线圈回路的 110V 电压是否正常，从而判断出是控制变压器 110V 绕组的问题，或者是接触器 KM1 线圈烧坏，或者是熔断器插座或某个触头接触不良，还是回路中的连线有问题。

2）如果 KM1 吸合，电动机 M1 还不转，则应该用万用表交流 500V 档检查接触器 KM1 主触头的输出端有无电压。如果无电压，可再测量 KM1 主触头的输入端，如果还没有电压，则只能是电源开关到接触器 KM1 输入端的连线有问题；如果 KM1 输入端有电压，则是 KM1 的主触头接触不好；如果接触器 KM1 的输出端有电压，则应检查电动机 M1 有无进线电压，如果无电压，说明接触器 KM1 输出端到电动机 M1 进线端之间有问题（包括热继电器 FR1 和相应的连线）；如果电动机 M1 进线电压正常，则可能是电动机本身的问题。

另外，如果电动机 M1 断相，或者因为负载过重，也可引起电动机不转，应进一步检查判断。

（4）主轴电动机能起动，但不能自锁，或在工作中突然停转　首先应检查接触器 KM1 的自锁触头接触是否良好，自锁回路连线是否接好。如果不好，按下主轴起动按钮 SB1 后，接触器 KM1 吸合，主轴电动机转动，但起动按钮 SB2 一松开，由于 KM1 的自锁回路有问题而不能自锁 KM1 马上释放，主轴电动机停转。也可能主轴起动时，KM1 的自锁回路起作用，KM1 能够自锁，但由于自锁回路会有接触不良的现象存在，在工作中瞬间断开一下，就会使 KM1 释放而使主轴停转。

另外，当接触器 KM1 控制电路（起动按钮 SB1 除外）的任何地方有接触不良的现象时，都可能出现主轴电动机工作中突然停转的现象。

（5）按停止按钮 SB2，主轴不停转　断开电源开关 QF，看接触器 KM1 是否能释放。如果能释放，说明 KM1 的控制电路有短路现象，应进一步排查；如果 KM1 仍然不释放，则说明接触器内部有机械卡死现象，或接触器主触头因"熔焊"而粘死，需拆开修理。

（6）合上冷却泵开关，冷却泵电动机 M2 不转　冷却泵必须在主轴运转时才能运转，首先起动主轴电动机，在主轴正常运转的情况下，检查接触器 KM2 是否吸合。

1）如果 KM2 不吸合，应进一步检查接触器 KM2 线圈两端有无电压。如果有电压，说明接触器 KM2 的线圈损坏；如果无电压，应检查 KM1 的辅助触头、冷却泵旋钮 SA1 接触是否良好，相关连线是否接好。

2）如果 KM2 吸合，应检查电动机 M2 的进线电压有无断相，电压是否正常。如果正常，说明冷却泵电动机或冷却泵有问题；如果电压不正常，应进一步检查热继电器 FR2 是否烧坏、接触器 KM2 的主触头是否接触不良、熔断器 FU1 是否熔断以及相关的连线是否连接好。

（7）按下刀架快速移动按钮，刀架不移动　起动主轴和冷却泵，如果都运转正常的话，首先检查接触器 KM3 是否吸合。如果 KM3 吸合，应进一步检查 KM3 的主触头是否接触不良、相关连线是否连接好、刀架快移电动机 M3 是否有问题、机械负载是否有卡死现象；如果 KM3 不吸合，则应进一步检查 KM3 的线圈是否烧坏、刀架快移按钮是否接触不良以及相关连线是否连接好。

习题与思考题

10-1　什么是电气系统图？电气原理图有什么特点？

10-2　进行机床电气控制电路安装有哪些步骤？

10-3　进行机床电气故障检修，常用哪些方法进行故障的查找？

10-4　进行机床电气电路安装的注意事项有哪些？

10-5　CA6140 型普通车床主轴不能起动的电气故障如何进行排查？

10-6　CA6140 型普通车床主轴电动机控制只能点动，不能长车控制的电气故障如何排查？

◉项目 11

三相异步电动机正反转的 PLC 控制

🔷 项目描述

电动机正反转控制是应用非常广泛的一种控制，如：在铣床加工中工作台的左右运动、前后和上下运动；摇臂钻床的摇臂上下运动、立柱的松开与夹紧、电梯的升降运动等等都要求电动机实现正反转。在项目 8 中我们讲述了利用传统的接触器 – 继电器控制实现的电动机正反转控制电路。传统的继电接触器控制具有结构简单、易于掌握、价格便宜等优点，在工业生产中应用甚广。但是，这些控制装置体积大，动作速度慢，耗电较多、功能少，特别是由于它靠硬件连线构成系统，接线复杂，当生产工艺或控制对象改变时，原有的接线和控制盘（柜）就必须随之改变或变换，通用性和灵活性较差。为了克服这些缺点，20 世纪 60 年代末产生了可编程序控制器（PLC），PLC 是一种新型的控制方式，可编程序控制器通过硬件的连接和软件的编程同样可以实现电动机正反转控制，并且可以方便地改变梯形图程序实现电动机自动往返等电动机其他控制功能。

通过本项目的学习，要求学生了解 PLC 的基本结构、工作原理，熟悉三菱 FX 系列 PLC 的编程器件、基本指令和程序设计方法，熟悉三菱 FX 系列 PLC 编程仿真软件的使用，学习后能完成三相异步电动机正反转 PLC 控制系统的软、硬件设计及安装调试。

11.1 项目演练 三相异步电动机正反转 PLC 控制电路的安装与调试

11.1.1 穿戴与使用绝缘防护用具

进入实训或者工作现场必须穿工作服（长袖）、戴安全帽。戴安全帽时必须系紧帽带，穿长袖工作服时不得将袖卷起。进入现场必须穿合格的工作鞋，任何人不得穿高跟鞋、网眼鞋、钉子鞋、凉鞋、拖鞋等进入现场。在有机械转动环境中工作的人员不许戴手套、系领带和围巾。

任何人在进入现场前必须确认：

1）自己已经戴上了安全帽。

2）自己已经穿上了工作鞋。

11.1.2 仪器仪表、工具与材料的领取与检查

1. 所需仪器仪表、工具与材料

本项目需用到 FX_{2N}-32MR 可编程序控制器、FX-20P-E 编程器、三相异步电动机、交流接

触器、熔断器、热继电器、按钮、组合开关、电工常用工具、万用表、安全帽、工作鞋、BVR -2.5mm^2 和 BVR -1mm^2 导线。

2. 领取仪器仪表、工具与材料

领取三相异步电动机等器材后，将对应的参数填写到表 11-1 中。

表 11-1　仪表、工具与材料领取表

序号	名　　称	型　　号	规格与主要参数	数　量	备　注
1	三相异步电动机				
2	热继电器				
3	可编程序控制器				
4	编程器				
5	交流接触器				
6	按钮				
7	熔断器				
8	电工常用工具				
9	万用表				
10	导线				

3. 检查领到的仪器仪表与工具

1）检查安全等级。

2）检查部件是否损坏。

3）检查触点接触是否良好。

11.1.3　三相异步电动机正反转 PLC 控制系统的安装与调试

项目实施步骤见表 11-2，并将具体完成情况填入表中。

表 11-2　三相异步电动机正反转 PLC 控制系统的安装与调试步骤

序号	步　　骤	方　　法	完成情况
1	PLC 硬件设计	设计三相异步电动机正反转 PLC 控制系统的主电路和 I/O 分配图（参考电路如图 11-1 所示）	
2	PLC 软件设计	设计出三相异步电动机正反转 PLC 控制系统的梯形图（参考电路如图 11-2 所示），并写出指令表	
3	选择常用低压电器	根据硬件设计正确选择接触器、熔断器、热继电器、按钮的型号，列出电器元件明细表	
4	硬件安装	1）根据图 11-1，在配电板上进行三相异步电动机正反转 PLC 控制系统主电路的连接 2）进行 PLC 外围输入输出的连接 3）安装接线时注意各接点要牢固，接触要良好，同时，要注意文明操作，保护好各电器	
5	输入程序	将设计好的梯形图通过三菱编程软件下载到电脑上或通过编程软件将程序逐条输入至可编程控制器中	

（续）

序号	步　骤	方　法	完成情况
6	模拟调试	将程序下载或输入到 PLC 中，调试好后，按下正转按钮，输入继电器 X2 接通，KM1 得电，电动机 M 正转；按下反转按钮，输入继电器 X3 接通，KM2 得电，电动机 M 反转。若要模拟电动机过载，可人为地将热继电器 FR 的常开触点闭合，电动机停转，然后将热继电器复位，可再进行实验	
7	现场调试	模拟调试完后，接上电动机进行通电试运转，注意掌握操作方法，观察电器及电动机的动作、运转情况	
8	常见故障的分析与排除	运行时发现故障，及时切断电源，再认真逐步查找故障，掌握查找电路故障的方法，积累排除故障的经验	

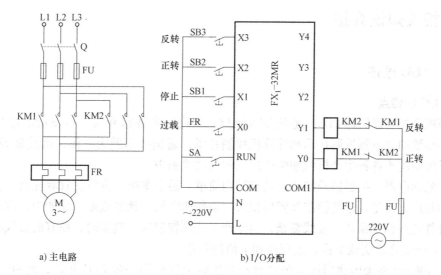

a) 主电路　　　　　　　　　　b) I/O 分配

图 11-1　三相异步电动机正反转 PLC 控制系统主电路和 I/O 分配

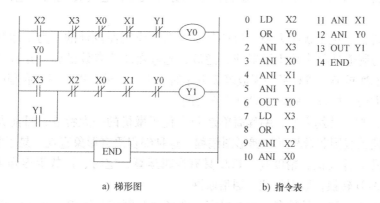

a) 梯形图　　　　　　　　b) 指令表

图 11-2　三相异步电动机正反转 PLC 控制系统梯形图

11.1.4　按照现代企业 8S 管理要求进行工作现场的整理

训练完成后，应及时对工作场地进行卫生清洁，使物品摆放整齐有序，保持现场的整洁、安全，做到标准化管理。

1）整理自己的工作场地，打扫现场卫生。

2）根据任务分工要求，打扫实训场地卫生。

3）根据工作现场要求，归位场地内的设施和设备。

4）拉闸断电，保证实训场地的安全。

11.1.5　仪器仪表、工具与材料的归还

仪器仪表、工具与材料使用完毕后应归还相应管理部门或单位。

1）整理工作台和器件，归还电动机、低压电器和电工常用工具。

2）归还安全帽、工作鞋及相关材料。

11.2　相关知识介绍

11.2.1　PLC 概述

1. PLC 的特点

可编程序控制器简称 PLC，是从 20 世纪 60 年代末发展起来的一种新型的电气控制装置，它将传统的继电器控制技术和计算机控制技术、通信技术融为一体，因其显著的优点，正被广泛地应用于各种生产机械和生产过程的自动控制中。

传统的继电器、接触器控制装置具有结构简单、易于掌握、价格便宜等优点，在工业生产中应用甚广。但是，这些控制装置体积大、动作速度慢、耗电较多、功能少，特别是由于它们靠硬件连线构成系统，接线复杂，当生产工艺或控制对象改变时，原有的接线和控制盘（柜）就必须随之改变或更换，通用性和灵活性较差。

自从 1969 年在美国通用汽车公司自动装配线上使用第一台 PLC 开始，近 40 年来 PLC 获得了巨大发展，PLC 已成为各工业发达国家的标准设备，它与传统的继电器系统相比较，有如下特点。

（1）可靠性高、抗干扰能力强　PLC 是专为工业应用而设计的，为了增强它的抗干扰能力，在设计与制造过程中采用了屏蔽、滤波、光电隔离等有效措施，并且采用模块式结构，有故障可迅速更换，PLC 平均无故障 2 万小时以上。此外，PLC 还具有很强的自诊断功能，可以迅速方便地检查出故障，缩短检修时间。

（2）编程简单，使用方便　编程简单是 PLC 优于微机的一大特点，目前大多数 PLC 都采用与实际电路接线图非常相近的梯形图编程，这种编程语言形象直观，易于掌握。

（3）功能强、速度快、精度高　PLC 具有逻辑运算、定时、计数等很强大的功能，还能进行 D/A、A/D 转换，数据处理，通信联网。

（4）通用性好　PLC 品种多，档次也多，许多 PLC 制成模块式，可灵活组合。

（5）灵活便用　体积小，重量轻，功能强，耗能少，环境适应性强，不需专门的机房和空调。

从上述 PLC 的功能特点可见，PLC 控制系统比传统的继电器、接触器控制系统具有许多优点，它可用于逻辑控制、定时计数控制、模拟量的控制以及数据处理和通信联网等各个

方面。目前 PLC 价格还较高，高、中档 PLC 使用需具有一定的计算机知识，PLC 制造厂家和 PLC 品种类型很多，而指令系统和使用方法不尽相同，这给用户带来不便。

2. PLC 的发展和应用概况

自从美国研制出第一台 PLC 以后，日本、德国、法国等工业发达国家相继研制出各自的 PLC。目前世界上众多 PLC 制造厂家中，比较著名的几个大公司有美国 AB 公司、德州仪器公司、通用电气公司，德国的西门子公司，日本的三菱、东芝、富士和立石公司等。

我国研制与应用 PLC 起步较晚，1973 年开始研制，1977 年开始应用，20 世纪 80 年代初期以前发展较慢，80 年代后期随着成套设备或专用设备中引进了不少 PLC，使得 PLC 技术在我国得到迅速发展。目前引进或生产 PLC 的单位很多，例如北京机械自动化研究所、上海起重电器厂、上海电力电子设备厂、无锡电器厂等。PLC 发展方向主要是朝着小型化、廉价化、系列化、标准化、智能化、高速化和网络化方向发展，这将使 PLC 功能更强大，可靠性更高，使用更方便，适应面更广。

11.2.2 可编程序控制器的基本结构与工作原理

可编程序控制器的型号多种多样，但其一般结构基本相同，都是以微处理器为核心的结构，其功能的实现不仅基于硬件的作用，更要靠软件的支持，实际上可编程序控制器就是一种新型的工业控制计算机。

1. 可编程序控制器的基本结构

小型可编程序控制器主要由中央处理器（CPU）、存储器（RAM、ROM）、输入输出单元（I/O）、电源和编程器等几部分组成，其结构框图如图 11-3 所示。

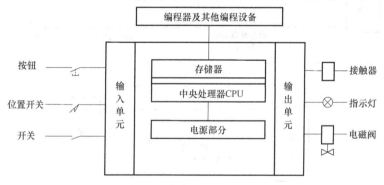

图 11-3　小型可编程序控制器结构框图

（1）输入单元　输入单元是连接可编程序控制器与其他外设之间的桥梁。生产设备的控制信号通过输入单元传送给 CPU。

各种 PLC 的输入电路大都相同，通常有三种类型：一种是直流 12～24V 输入；另一种是交流 100～120V、200～400V 输入；第三种是交直流 12～24V 输入。外界输入器件可以是无源触点或者有源传感器的集电极开路的晶体管，这些外部输入器件是通过 PLC 输入端子与 PLC 相连的。

PLC 输入电路中有光耦合器隔离，并设有 RC 滤波器，用以消除输入触点的抖动和外部噪声干扰。当输入开关闭合时，一次电路中流过电流，输入指示灯亮，光耦合器被激励，晶体管从截止状态变为饱和导通状态，这是一个数据输入过程。图 11-4 是一个直流输入端内部接线图。

（2）输出单元 输出单元是连接可编程序控制器与控制设备的桥梁。CPU 运算的结果通过输出单元输出。输出单元将 CPU 运算的结果进行隔离和功率放大后驱动外部执行元件工作。输出单元型号很多，但是它们的基本原理是相似的。PLC 有三种输出方式：晶体管输出、晶闸管输出和继电器输出。图 11-5 为 PLC 的三种输出电路图。

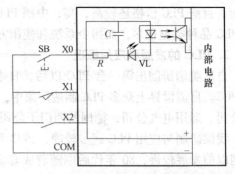

图 11-4 直流输入端内部接线图

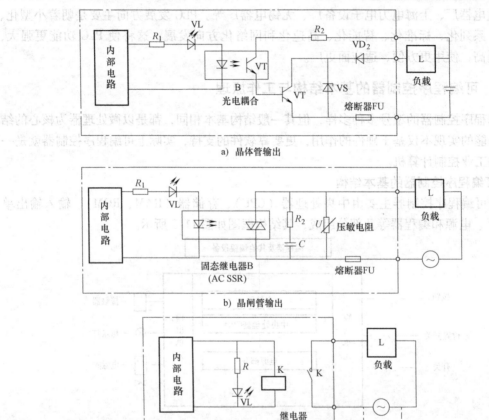

a) 晶体管输出

b) 晶闸管输出

c) 继电器输出

图 11-5 PLC 的三种输出电路图

继电器输出型最常用。当 CPU 有输出时，接通或断开输出电路中继电器的线圈，继电器的触点闭合或断开，通过该触点控制外部负载电路的通断。继电器输出线圈与触点已完全分离，故不再需要隔离措施，用于开关速度要求不高且又需要大电流输出负载能力的场合，响应较慢。晶体管输出型通过光耦合器驱动开关使晶体管截至或饱和以控制外部负载电路，并同时对 PLC 内部电路和输出晶体管电路进行了电气隔离，用于要求快速开断或动作频繁的场合。晶闸管输出型采用了光触发型双向晶闸管。

输出电路的负载电源由外部提供。负载电流一般不超过 2A。实际应用中，输出电流额定值与负载性质有关。

（3）中央处理器　中央处理器（CPU）是 PLC 的核心部分，是 PLC 的控制运算中心，可编程序控制器中常用的 CPU 主要采用微处理器、单片机和双极片式微处理器三种类型，PLC 常用 CPU 有 8080、8086、80286、80386，单片机 8031、8096，位片式微处理器 AM2900、AM2901、AM2903 等。可编程序控制器的档次越高，CPU 的位数也越多，运算速度也越快，功能指令越强，FX_2 系列可编程序控制器使用的微处理器是 16 位的 8096 单片机。

（4）存储器　存储器是用来安放程序的，它具有记忆功能，可编程序控制器配有两种存储器：系统存储器和用户存储器。系统存储器主要用来安放系统管理和监控程序、解释程序，由厂家提供并固化在 ROM/EPROM 中，不能由用户直接存取。用户存储器用来存放由编程器或磁带输入的用户程序。

用户程序存储器主要用于存放用户根据生产过程和工艺要求编制的应用程序，可通过编程器输入或修改用户程序，因此，可以这样说：系统程序决定了 PLC 的基本功能，而应用程序则规定了 PLC 的具体工作。用户程序存储器通常以字（16 位）为单位表示存储容量。一般 PLC 产品资料中所指存储器的容量是指用户存储器容量，小型可编程控制器的存储容量一般在 8KB 以下。PLC 常用的存储器有 CMOS RAM、EPROM 和 EEPROM。CMOS RAM 是一种可进行读写操作的随机存储器，RAM 是只读存储器，EEPROM 是一种可擦除可编程的只读存储器。信息外存常采用盒式磁带和磁盘等。

（5）编程器　编程器是 PLC 必不可少的重要外部设备，它主要用来输入、检查、修改、调试用户程序，也可用来监视 PLC 的工作状态。编程器分简易编程器和智能型编程器，简易编程器价廉，用于小型 PLC，智能型编程器价高，用于要求比较高的场合。

（6）电源部分　PLC 的供电电源是一般市电，电源部分是将交流 220V 转换成 PLC 内部 CPU 存储器等电子电路工作所需直流电源。PLC 内部有一个设计优良的独立电源。常用的是开关式稳压电源，用锂电池作停电后的后备电源，有些型号的 PLC 如 F1、F2 电源部分还有 24V 直流电源输出，用于对外部传感器供电。

2. 可编程序控制器的编程语言

PLC 是一种工业控制计算机，不光有硬件，软件也必不可少，一提到软件就必然和编程语言相联系。不同厂家，甚至不同型号的 PLC 编程语言只能适应自己的产品。目前 PLC 常用的编程语言有四种：梯形图、指令语句表、功能图以及高级语言。

（1）梯形图编程语言　PLC 梯形图中每个网络由多个梯形级组成，每个梯形级由一个或多个支路组成，并由一个输出元件构成。梯形图编程语言形象直观，类似继电器控制电路，逻辑关系明显，电气技术人员容易接受，是目前用得最多的一种 PLC 编程语言。

继电器、接触器电气控制电路图和 PLC 梯形图如图 11-6 所示，由图可见两种控制电路图逻辑含义是一样的，但具体表达方法却有本质区别。PLC 梯形图中的继电器、定时器、计数器不是物理继电器、定时器、计数器，这些器件实际上是存储器中的存储位，因此称为软元件。相应位为"1"状态，表示继电器线圈通电或常开触点闭合和常闭触点断开。

PLC 的梯形图是形象化的编程语言，梯形图左右两端的母线是不接任何电源的（右端母线可省略）。梯形图中并没有真实的物理电流流动，而仅仅是概念电流（虚电流），或称为假想电流。把 PLC 梯形图中左边母线假想为电源相线，而把右边母线假想为电源地线。假想电流只能从左向右流动，层次改变只能先上后下。假想电流是执行用户程序时满足输出执行条件的形象理解。

PLC 梯形图中每个网络由多个梯级组成，每个梯级由一个或多个支路组成，并由一个输出元件构成，但右边的元件必须是输出元件。例如图 11-6 中梯形图由两个梯级组成，梯级①中有 3 个编程元件（X1、X2 和 Y1），最右边的 Y1 是输出元件。

梯形图中每个编程元件应按一定的规则加标字母、数字串，不同编程元件常用不同的字母符号和一定的数字串来表示，不同厂家 PLC 使用的符号和数字串往往是不一样的。

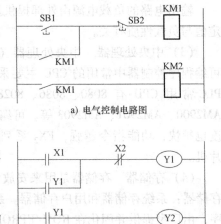

a) 电气控制电路图

b) PLC 梯形图

图 11-6 两种控制图

（2）指令语句表编程语言 这种编程语言是一种与计算机汇编语言类似的助记符编程方式，用一系列操作指令组成的语句表将控制流程描述出来，并通过编程器输入到 PLC 中去。需要指出的是，不同厂家 PLC 指令语句表使用的助记符并不相同，因此，一个相同功能的梯形图，书写的语句表并不相同。

指令语句表是由若干条语句组成的程序。语句是程序的最小独立单元。每个操作功能由一条或几条语句来执行。PLC 的语句表达形式与微机的语句表达式相类似，也是由操作码和操作数两部分组成。操作码用助记符表示（如 LD 表示取、OR 表示或等），用来说明要执行的功能，通知 CPU 该进行什么操作，例如逻辑运算的与、或、非，算术运算的加、减、乘、除，时间或条件控制中的计时、计数、移位等功能。

（3）功能图编程语言 这是一种较新的编程方法。它是用和控制系统流程图类似的功能图表达一个控制过程，目前国际电工协会（IEC）正在实施发展这种新式的编程标准。不同厂家的 PLC 对这种编程语言所用的符号和名称也不一样。三菱公司的 PLC 称为功能图编程语言，而西门子公司的 PLC 称为控制系统流程图编程语言。

（4）高级语言编程 近几年推出的 PLC，尤其是大型 PLC，已开始用高级语言进行编程。有的 PLC 采用类似 PASCAL 语言的专用语言，系统软件具有这种专用语言的自动编译程序。采用高级语言编程后，用户可以像使用普通微型计算机一样操作 PLC。除了完成逻辑功能外，还可以进行 PLC 调节、数据采集和处理以及与上位机通信等。

3. 可编程序控制器的基本工作原理

PLC 的工作过程一般可分为 3 个主要阶段：输入采样（输入扫描）阶段、程序执行（执行扫描）阶段和输出刷新（输出扫描）阶段。

（1）输入采样阶段 在输入采样阶段 PLC 扫描全部输入端，读取各开关触点的通、断状态，A/D 转换值，写入并存储到寄存输入状态的输入映像寄存器中，这一过程称为采样。在本工作周期内这个采样结果的内容不会改变，而且这个采样结果将在 PLC 执行程序时使用。

（2）程序执行阶段 PLC 按顺序对用户程序进行扫描，按梯形图从左到右，从上到下逐步扫描每条程序，并根据输入/输出（I/O）状态及有关数据进行逻辑运算处理，再将结果写入并保存到寄存执行结果的输出寄存器中，但这个结果在全部程序未执行完毕之前不会送到输出端口上。

（3）输出刷新阶段 在所有指令执行完毕后，把输出寄存器中的内容送入到寄存输出状态的输出锁存器中，再以一定方式去驱动用户设备，这就是输出刷新。

PLC 的扫描工作过程如图 11-7 所示，PLC 周期性地重复执行上述 3 个阶段，每重复一次的时间称为一个扫描周期。PLC 在一个周期中，输入扫描和输出刷新的时间一般在 4ms 左右，而程序执行时间可因程序的长度不同而不同。PLC 一个扫描周期一般在 40～100ms 之间。

PLC 对用户程序的执行过程通过 CPU 周期性的循环扫描工作方式来实现。PLC 工作的主要特点是输入信号集中采样，执行过程集中批处理和输出控制集中批处理。PLC 的这种"串行"工作方式，可以避免继电器、接触器控制中触点竞争和时序失配的问题。这是 PLC 可靠性高的原因之一，但是会导致输出对输入在时间上的滞后，降低了系统响应速度。

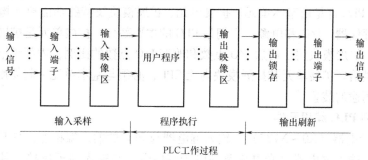

图 11-7 PLC 的扫描工作过程

11.2.3 FX 系列可编程序控制器及其应用

1. PLC 的编程元件概述

PLC 是以微处理器为核心的电子设备，实际上是由电子电路和存储器组成的。使用时可将它看成由继电器、定时器、计数器等构成的组合体，为了把它们与通常的物理元件区分开，通常把这些元件称为软元件，是等效概念抽象模拟的元件，并非实际的物理元件。从工作过程看，我们只注重元件的功能，按元件的功能给名称，例如输入继电器 X、输出继电器 Y 等，而且每个元件都有确定的地址编号，这对编程十分重要。

PLC 中的各种编程元件（软继电器）的功能是相互独立的，它们均用字母和编号来表示。字母如 X 表示输入，Y 表示输出，编号由 3 位数字表示，数字因机型不同而异。

需要特别指出的是，不同厂家，甚至同一厂家的不同型号的 PLC 编程元件的数量、种类和编号都不一样，下面以 FX 小型 PLC 为蓝本，介绍编程元件。

2. FX 系列可编程序控制器的简介

日本三菱可编程序控制器分为 F、F_1、F_2、FX_0、FX_2、FX_{2N} 等几个系列，其中 F 系列是早期的产品，FX_2 系列 PLC 是 1991 年推出的产品，它是整体式和模块式相结合的叠装式结构。FX_2 型有一个 16 位微处理器和一个专用逻辑处理器。FX_2 的执行速度为 0.48μs/步，是目前运动速度最快的小型 PLC 之一，FX_2 是加强型的小型机。FX_{2N} 是 FX 系列中功能最强、速度最快的小型 PLC 之一，它的基本指令执行速度高达 0.48μs/步，内置用户存储器为

8KB，可扩展到 16KB。

（1）型号命名方式　FX 系列可编程序控制器型号命名的基本格式，如图 11-8 所示。

1）特殊品种类别：D—DC 电源，DC 输入；AI—AC 电源，AC 输入，2A/1 点。

2）输出方式：R—继电器输出；S—晶闸管输出；T—晶体管输出。

3）单元类型：M—基本单元；E—扩展单元。

4）I/O 总点数：14~256。

5）系列序号：0、2、0N、2N。即：FX_0、FX_2、FX_{0N}、FX_{2N}。

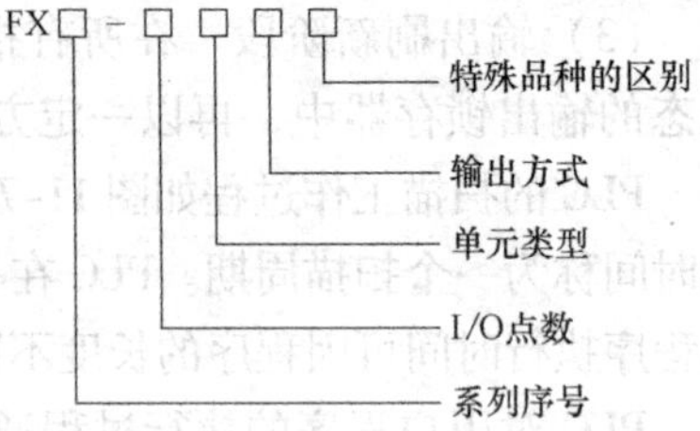

图 11-8　FX 系列可编程序控制器
型号命名的基本格式

（2）FX 系列 PLC 的基本构成　FX 系列 PLC 又分四个大类，即 FX_0、FX_2、FX_{2C}、FX_{2N}。FX 系列 PLC 都是由基本单元、扩展单元、扩展模块及特殊功能单元构成的。基本单元包括 CPU、存储器、I/O 和电源，它们是 PLC 的主要部分。扩展单元是扩展 I/O 点数的装置，内有电源。扩展模块用于增加 I/O 点数和改变 I/O 点数的比例，内部无电源，由基本单元和扩展单元供给。扩展单元和扩展模块内无 CPU，必须与基本单元一起使用。特殊功能单元是一些特殊用途的装置。

3. FX_2 系列 PLC 编程元件

（1）输入继电器（X0~X177）　　输入继电器与 PLC 的输入端相连，是 PLC 接收外部开关信号的接口。输入继电器是光电隔离的电子继电器，与输入端子连接，其线圈、常开触点、常闭触点与传统的硬继电器表示方法一样，如图 11-9 所示。这里常开触点、常闭触点的使用次数不限，这些触点在 PLC 内部可以自由使用。FX_2 型 PLC 输入继电器采用八进制地址编号，X0~X177，最多可达 128 点，输入继电器必须由外部信号所驱动，而不能由程序驱动，其触点也不能直接输出驱动外部负载。

（2）输出继电器（Y0~Y177）　　输出继电器是将 PLC 的输出信号送给输出模块，再驱动外部负载的元件，如图 11-10 所示，每一个输出继电器有一个外部输出的常开触点（硬触点），它与 PLC 的输出端子相连，而内部的软触点，不管是常开还是常闭，都可无限制地自由使用，有一定的负载能力。FX_2 型 PLC 输出继电器也采用八进制地址编号，Y0~Y177，最多可达 128 点输出。

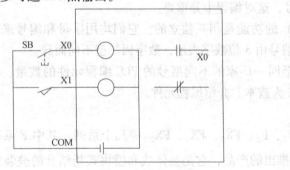

图 11-9　输入继电器示意图

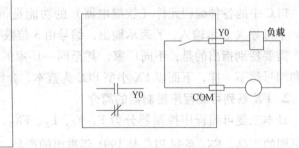

图 11-10　输出继电器示意图

（3）辅助继电器（M）　　PLC 内部有很多辅助继电器，它的常开常闭触点在 PLC 内部编程时可以无限制地自由使用。但是这些触点不能直接驱动负载，它只能由程序驱动，外部负载必须由输出继电器的外部触点来驱动。

1）通用辅助继电器（M0～M499）。通用辅助继电器的作用类似中间继电器，地址编号为十进制 M0～M499 共 500 点（在 FX 型 PLC 中除了输入输出继电器外，其他所有元件都是十进制编号）。

2）断电保持辅助继电器（M500～M1023）。PLC 在运行中若发生停电，输出继电器和通用辅助继电器全部成为断开状态。上电后，除了 PLC 运行时被外部输入信号接通的继电器以外，其他仍断开。不少控制系统要求保持断电瞬间状态。断电保持辅助继电器正是用于此场合，断电保持辅助继电器 M500～M1023（524 点）是由 PLC 内装的锂电池供电的。

3）特殊辅助继电器（M8000～M8255）。PLC 内有 256 个特殊辅助继电器，这些特殊辅助继电器各自具有特定的功能。常用有：

① M8000 为运行监视用，当 PLC 运行，M8000 接通。

② M8002 为初始化脉冲，在 PLC 运行瞬间，M8002 发出一单脉冲。

③ M8012 为产生 100ms 时钟脉冲的特殊辅助继电器。图 11-11 为常用特殊辅助继电器波形图。

（4）定时器（T）　定时器在 PLC 中的作用相当于一个时间继电器，它是根据时钟脉冲累积计时的，时钟脉冲有 1ms、10ms、100ms，当所计时间到达设定值时，其输出触点动作。定时器可以用常数 K 或数据寄存器 D 作为设定值。常规定时器编号为 T0～T245，100ms 定时器编号为 T0～T199，共 200 点，每个设定值范围为 0.1～3276.7s；10ms 定时器编号为 T200～T245，共 46 点，每个设定值范围为 0.01～327.67s。图 11-12 是 T0 定时器的工作原理图。当驱动输入 X0 接通时，地址编号为 T0 的当前值计数器对 100ms 时钟脉冲进行累积计数，当该值与设定值 K50 相等时，定时器的输出触点就接通，即输出触点是在驱动线圈后的 50×0.1s＝5s 时动作。当驱动线圈 X0 断开或发生断电时，不管定时时间到否，计数器 T0 复位，输出触点也复位。

（5）计数器（C）　FX$_2$ 系列 PLC 有内部计数器和高速计数器，内部计数器又分为 16 位递加和 32 位双向计数器。在此，只介绍 16 位递加计数器。

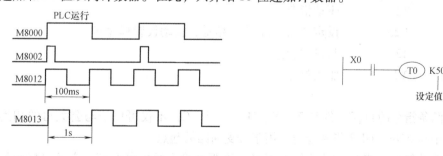

图 11-11　常用特殊辅助继电器波形图　　　　图 11-12　T0 定时器的工作原理图

内部计数器是在执行扫描操作时对内部元件（如 X、Y、M、S、T）的信号进行计数的计数器。其接通时间和断开时间应比 PLC 的扫描周期长。16 位递加计数器，设定值为 1～32767。其中 C0～C99 共 100 点是通用型，C100～C199 共 100 点是断电保持型。图 11-13 是 16 位递加计数器梯形图，X11 是计数输入，X11 每接通 1 次，计数器当前值加 1，当计数当前值为 10 时，计数器 C0 输出触点接通。之后，即使输入 X11 再接通，计数器的当前值也保持不变。当复位输入 X10 接通时，执行 RST 指令，计数器当前值复位为 0，输出触点复位。计数器设定值可以用常数 K 和数据寄存器 D 来设定。

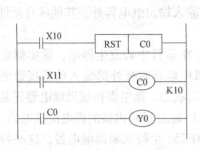

图 11-13　16 位递加计数器梯形图

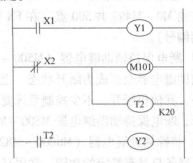

图 11-14　LD、LDI、OUT 指令
使用说明梯形图

4. FX₂系列 PLC 的基本指令简介

FX₂系列 PLC 有基本指令 27 条，步进指令 2 条，功能指令 298 条，在此，只介绍最常用的基本指令。

（1）取指令及线圈驱动指令（LD、LDI、OUT）

1）LD：取指令，用于常开触点与输入母线连接，即常开触点逻辑运算的起始。

2）LDI：取反指令，用于常闭触点与输入母线连接。即常闭触点逻辑运算的起始。

3）OUT：线圈驱动指令，也叫输出指令。

图 11-14 是上述 3 条基本指令使用说明的梯形图，指令语句表程序如下：

0	LD	X1	与母线相连
1	OUT	Y1	驱动指令
2	LDI	X2	与母线相连
3	OUT	M101	驱动指令
4	OUT	T2	驱动指令
	SP	K20	设定常数，SP 为空格键，自动设置程序步
7	LD	T2	与母线相连
8	OUT	Y2	驱动指令
9	END		

LD、LDI 两条指令的目标元件是 X、Y、M、S、T、C，不仅可用于与公共母线相连的触点，也可用于与 ANB、ORB 指令配合，用于分支回路的起点。

OUT 指令是线圈驱动指令，OUT 指令不能用于驱动输入继电器线圈，它的目标元件是 Y、M、S、T、C。OUT 指令可连续使用若干次，相当于线圈并联。

LD、LDI 指令是一个程序步指令，这里的一个程序步即是一个字。OUT 指令是多个程序步指令，要视目标元件而定。

OUT 指令的目标元件是定时器（T）和计数器（C）时，必须设置常数 K。

（2）触点串联指令（AND、ANI）

1）AND：与指令，用于单个常开触点的串联。

2）ANI：与非指令，用于单个常闭触点的串联。

AND 与 ANI 都是一个程序步指令，AND、ANI 指令可多次重复使用，即串联触点个数不限；这两条指令的目标元件为 X、Y、M、T、C、S。OUT 指令后，通过触点对其他线圈使用 OUT 指令称为纵接输出（连续），这种输出如果循环顺序不错，可以多次重复。AND、ANI 指令的使用说明梯形图如图 11-15 所示，指令语句表程序如下：

```
0    LD     X1
1    AND    X2      串联常开触点
2    OUT    Y5
3    LD     X3
4    ANI    X4      串联常闭触点
5    OUT    Y6
6    AND    X5
7    OUT    Y7
9    END
```

（3）接点并联指令（OR、ORI）

1）OR：或指令，用于单个常开触点的并联。

2）ORI：或非指令，用于单个常闭触点的并联。

OR 与 ORI 都是一个程序步指令，它们的目标元件是 X、Y、M、T、C、S；OR、ORI 指令是将一个触点从当前步开始，直接并联到控制母线上，且并联次数不限。

OR、ORI 指令的使用说明如图11-16 所示，指令语句表程序如下：

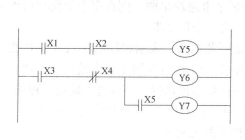

图 11-15　AND、ANI 指令使用说明梯形图

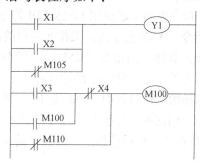

图 11-16　OR、ORI 指令使用说明梯形图

```
0    LD     X1
1    OR     X2
2    ORI    M105     并联触点
3    OUT    Y1
4    LD     X3
5    OR     M100
6    ANI    X4
7    ORI    M110     并联触点
```

```
8    OUT     M100
9    END
```

（4）串联电路块的并联连接指令（ORB） ORB：或块指令，将一个串联电路块与前面的电路并联，用于分支电路并联。

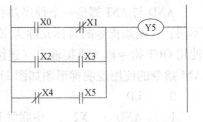

图 11-17 ORB 指令使用说明梯形图

串联电路块并联连接时，每个分支电路块起点用 LD 或 LDI 指令，分支结束用 ORB 指令，ORB 指令为无操作元件号的独立指令，占一个程序步，ORB 指令的使用说明梯形图如图 11-17 所示，指令语句表程序如下：

```
0    LD      X0
1    ANI     X1
2    LD      X2
3    AND     X3
4    ORB
5    LDI     X4
6    AND     X5
7    ORB
8    OUT     Y5
9    END
```

（5）并联电路块的串联连接指令（ANB） ANB：与块指令，将一个并联电路块与前面的电路串联，用于分支电路串联。ANB 指令的使用同 ORB 指令使用是类似的，电路块串联时，每个电路块起点用 LD 或 LDI 指令。如需将多个电路块串联，则在每个电路块后面加 ANB 指令，ANB 指令为无操作元件号的独立指令，占一个程序步。

（6）程序结束指令（END） END：程序扫描到此结束，表示程序的结束。END 指令是一条为无目标元件编号的独立指令，占一个程序步，END 指令用于程序的终了。PLC 在循环扫描的工作过程中，PLC 对 END 指令以后的程序步不再执行，直接进入输出处理阶段。因此，在调试程序过程中，可分段插入 END 指令，再逐段调试，在该段程序调试好后，删除 END 指令，然后进行下一段程序的调试，直到程序调试完为止。

11.2.4　三菱编程软件、模拟仿真软件

1. SWOPC – FXGP/WIN – C 软件的安装及使用

近年来，各 PLC 厂家都相继开发了基于个人计算机的图示化编程软件，例如西门子S7 – 200 系列可编程控制器使用的 STEP7 Micro/WIN 32 编程软件，三菱 FX$_{2N}$ 系列 PLC 使用的 SWOPC – FXGP/WIN – C 编程软件等。这些软件一般都具有编程及程序调试等多种功能，是 PLC 用户不可缺少的开发工具。以下以 SWOPC – FXGP/WIN – C 介绍编程软件的使用方法。

（1）SWOPC – FXGP/WIN – C 软件的安装及硬件连接 SWOPC – FXGP/WIN – C 是基于 Windows 的应用软件，可在 Windows 95、Windows 98、Windows 2000 及其以上操作系统下运行，运行 SWOPC – FXGP/WIN – C，可通过梯形图符号、指令语句及 SFC 符号创建及编辑程序，还可以在程序中加入中文、英文注释，它还能够监控 PLC 运行时各编程元件的状态及

数据变化，并且还具有程序和监控结果的打印功能。

在计算机中安装 SWOPC – FXGP/WIN – C 时将含有 SWOPC – FXGP/WIN – C 软件的光盘插入光盘驱动器，在光盘目录里双击"setup"，即进入安装。之后则可按照软件提示完成安装工作。软件安装路径可以使用默认子目录，也可以单击"浏览"按钮在弹出的对话框中选择或新建子目录，在安装结束时向导会提示安装过程的完成。

应用软件下载到 PLC 的过程是装有 SWOPC – FXGP/WIN – C 的计算机和 PLC 的通信过程。通信最简单的设备是一根 FX – 232CAB 电缆，电缆的一头接计算机的 RS232 口；另一头接在 PLC 的 RS422 口上。软件安装完成并连接好硬件后，再依连接正确选择计算机的通信口即可。具体操作为打开软件，在菜单栏中选择"PLC"菜单后，在下拉菜单中选"端口设置"，再选中电缆所实际连接的计算机的 RS232 口编号（COM1 或 COM2）即完成设置。

（2）SWOPC – FXGP/WIN – C 编程软件的界面　运行 SWOPC – FXGP/WIN – C 软件后，将出现初始启动画面，点击初始启动界面菜单栏中的"文件"菜单并在下拉菜单中选取"新文件"菜单，即出现图 11-18 所示的 PLC 类型设置对话框，选择好机型，单击确认后，则出现程序编辑的主界面。

主界面含以下几个主要分区：菜单栏（包含 11 个主菜单项）、工具栏（快捷操作窗口）、用户编辑区，编辑区下边分别是状态栏及功能键栏，界面右侧还可以看到功能图栏。软件的主界面外观如图 11-19 所示，以下分别说明。

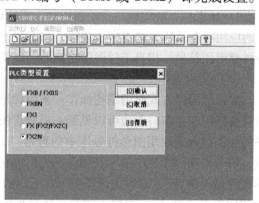

图 11-18　SWOPC – FXGP/WIN – CPLC 类型设置

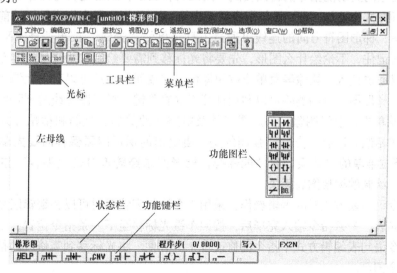

图 11-19　SWOPC – FXGP/WIN – C 软件 PLC 主界面

1）菜单栏。菜单栏是以菜单形式操作的入口，菜单含文件、编辑、工具、查找、视图、PLC、遥控、监控及调试等项。单击某项菜单，可弹出该菜单的下拉菜单，如文件菜单的下拉菜单含新建、打开、保存、另存为、打印、页面设置等项，编辑菜单中含剪切、复制、粘贴、删除等项，可知这些菜单的主要功能为程序文件的管理及编辑。菜单栏中的其他项涉及编程方式的变换、程序的下载传送、程序的调试及监控等操作。

2）工具栏。工具栏提供简便的鼠标操作，将最常用的 SWOPC – FXGP/WIN – C 编程操作以及按钮形式设定到工具栏。可以用菜单栏中的"视图"菜单选项来显示或隐藏工具栏。菜单栏中涉及的各种功能在工具栏中大多都能找到。

3）编辑区。编辑区用来显示编程操作的对象。可用梯形图、指令语句表等方式进行程序的编辑工作，也可以用菜单栏中"视图"菜单及工具栏中梯形图及指令语句表按钮实现梯形图程序与指令语句表程序的转换。

4）状态栏、功能键栏及功能图栏。编辑区下部是状态栏，用于标示编程 PLC 类型、软件的应用状态及所处的程序步数等。状态栏下为功能键栏，其与编辑区中的功能图栏都含有各种梯形图符号，相当于梯形图绘制的图形符号库。

（3）编程操作

采用梯形图方式时的编程操作：采用梯形图方式编程即是在编辑区中绘出梯形图。打开新建文件时在主窗口左边可以见到一根竖直的线，这就是左母线。蓝色的方框为光标，梯形图的绘制过程是取用图形符号库中的符号"拼绘"梯形图的过程。比如要输入一个常开触点，可单击功能图栏中的常开触点，也可以在"工具"菜单中选"触点"，并在下拉菜单中单击"常开触点"，这时出现图 11-20 所示的对话框，在框图中输入触点的地址及其他有关参数后单击"确认"，要输入的常开触点及其地址就出现在光标所在的位置。需输入功能指令时，单击工具菜单中的"功能"菜单或单击功能图栏及功能键中的"功能"按钮，即可弹出图 11-21 所示的对话框，然后在对话框中填入功能指令的助记符及操作数并单击确认即可，**这里要注意的是功能指令的输入格式一定要符合要求，如助记符与操作数间要空格，指令的脉冲执行方式中要加"P"且与指令间无空格，32 位指令需在指令助记符前加"D"且也不加空格等**，梯形图符号间的连线可通过工具菜单的"连线"菜单选择水平线与竖线完成。另外还需记住，不论绘什么图形，先要将光标移到需要绘制这些符号的地方。梯形图程序的修改可以通过插入、删除等菜单或按钮操作，修改元件地址可以双击元件后重新填写弹出的对话框。梯形图符号的删除可以利用计算机的删除键，梯形图竖线的删除可利用菜单栏中"工具"菜单中的竖线删除。梯形图元件及电路块的剪切、复制和粘贴等方法与其他编辑类软件操作相似。还有一点需要强调的是，**当绘出的梯形图需保存时要先单击菜单栏中"工具"项下拉菜单的"转换"后才能保存，梯形图未经转换单击"保存"按钮存盘及关闭编程软件，绘制的梯形图将丢失。**

采用指令语句表方式时的编辑操作：采用指令语句表编辑时可以在编辑区光标位置直接输入指令语句表，一条指令输入完毕后，按回车键光标移至下一条指令位置，则可输入下一条指令。指令语句表编辑方式中指令的修改也十分方便，将光标移到需修改的指令上，重新输入新的指令即可。

程序编制完成后可以利用菜单栏中"选项"菜单项下"程序检查"功能对程序做语法及双线圈的检查，如有问题，软件会提示程序存在的错误。

（4）程序的下载　程序编辑完成后需下载到 PLC 中运行。这时需单击菜单栏中"PLC"

图 11-20　SWOPC – FXGP/WIN – C PLC 元件输入对话框

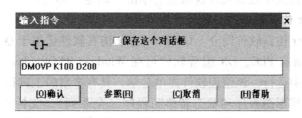

图 11-21　SWOPC – FXGP/WIN – C "功能" 对话框

莱单，在下拉菜单中再选 "传送" 及 "写出" 即可将编辑完成的程序下载到 PLC 中，传送菜单中的 "读出" 命令则用于将 PLC 中的程序读入到编程计算机中修改。PLC 中一次只能存入一个程序，下载新程序后，原有的程序即行删除。如图 11-22 为程序下载的对话框。

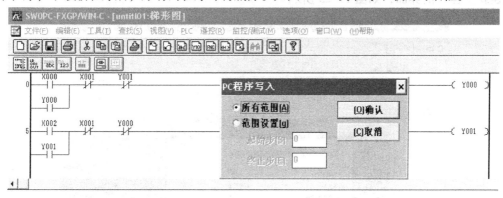

图 11-22　SWOPC – FXGP/WIN – C 程序下载的对话框

（5）程序的调试及运行监控　程序的调试及运行监控是程序开发的重要环节，很少有程序一经编制就是完善的，只有经过试运行甚至现场运行才能发现程序中不合理的地方并且进行修改。SWOPC – FXGP/WIN – C 编程软件具有监控功能，可用于程序的调试及监控。

1）程序的运行及监控：程序下载后仍保持编程计算机与 PLC 的联机状态并启动程序运行，编辑区在显示梯形图状态下，单击菜单栏中 "监控/测试" 菜单后单击 "开始监控" 即进入元件监控状态。这时，梯形图上将显示 PLC 中各触点的状态及各数据存储单元的数值变化。图中有长方形光标显示的位元件处于接通状态，数据元件中的存数则直接标出。在监控状态中单击"停止监控"则可中止监控状态。

元件状态的监控还可以通过表格方式实现。编辑区在显示梯形图或指令语句表状态下，单击菜单栏中"监控/测试"菜单后再单击"进入元件监控"，即进入元件监控状态对话框，这时可在对话框中设置需监控的元件，则当 PLC 运行时就可显示运行中各元件的状态。

2）位元件的强制状态：在调试中可能需要 PLC 的某些位元件处于 ON 或 OFF 状态以便观察程序的反应。这可以通过"监控/测试"菜单中的"强制 Y 输出"及"强制 ON/OFF"命令实现。点击这些命令时将弹出对话框，在对话框中设置需强制的内容并单击"确定"即可。

3）改变 PLC 字元件的当前值：在调试中有时需改变字元件的当前值，如定时器、计数器的当前值及存储单元的当前值。具体操作也是从"监控/测试"菜单中进入，选"改变当前值"并在弹出的对话框中设置元件及数值后单击"确定"即可。

2. GX Developer 仿真软件的安装及使用

（1）GX Developer 仿真软件简介　GX Developer 仿真软件适用于 Q 系列，QnA 系列、A 系列以及 FX 系列的所有 PLC。GX 编程软件可在 Windows 95/Windows 98/Windows 2000 及 WindowsXP 操作系统中运行，该编程软件简单易学，具有丰富的工具箱，形象直观的视窗界面。该软件可以编写梯形图程序和状态转移图程序（全系列），支持在线和高线编程功能，并具有软元件注释、声明、注解及程序监视、测试、故障诊断、程序检查、程序的复制、删除和打印等功能。此外，它还具有 PLC 程序运行仿真功能，方便程序调试。

GX Developer 软件的安装、程序的编写、修改、调试及程序诊断和监控等等操作都同 SWOPC – FXGP/WIN – C 编程软件相似。GX Developer 安装好后，打开"工程"菜单，单击"创建新工程"的界面，如图 11-23 所示。

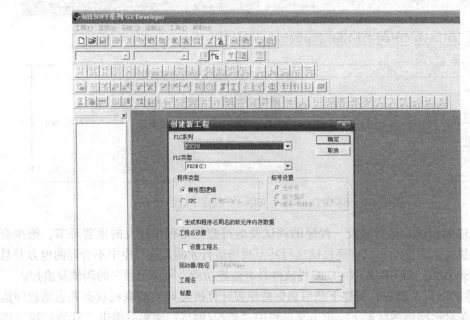

图 11-23　三菱 GX Developer 仿真软件的"创建新工程"界面

（2）PLC 程序的仿真操作

1）程序的编写。打开"工程"菜单，单击"创建新工程"得到图 11-24 所示界面。

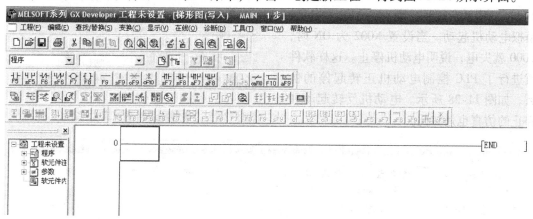

图 11-24　三菱 GX Developer 仿真软件的"创建新工程"界面

利用菜单栏或工具栏等等中的图形符号库中的符号（常开触点、常闭触点、线圈、功能框等等）来绘制编制好的梯形图，梯形图的绘制过程是取用图形符号库中的符号"拼绘"梯形图的过程，程序的编制、插入、修改、检查方法同 SWOPC – FXGP/WIN – C 软件使用方法相同。例如在图 11-24 中，先用仿真软件画出电动机正反转梯形图，画梯形图的方法同前面所述的编程软件使用方法相同。。

2）程序的仿真操作。程序编制好了以后，打开"变换"菜单栏，单击"变换"（或直接单击 F4），梯形图由灰色变成白色，假设程序有错误，则不能进行梯形图的"变换"。变换好的梯形图如图 11-25 所示。

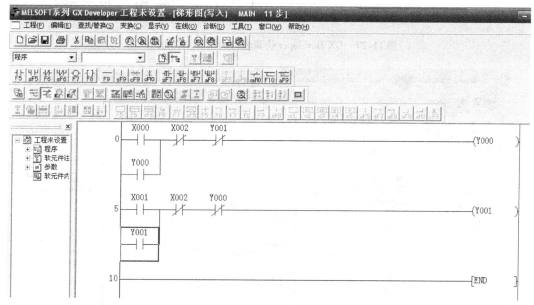

图 11-25　电动机正反转梯形图

单击"梯形图逻辑测试启动/结束"按钮，如图 11-26 所示。

PLC 软件进入运行状态，RUN 变成黄色（颜色可以更改），如图 11-27 所示，单击右键，进行软元件测试，将 X000 强制设置为 ON 即模拟电动机正转起动，可以发现 Y000 立刻变成蓝色，说明 Y000 动作了，模拟电动机起动。当设置 X002 为 ON 时，Y000 就失电，说明电动机停止。这样软件就进行了 PLC 控制电动机正转起停的仿真，如图 11-28 所示。电动机反转起动和停止的仿真也是如此。

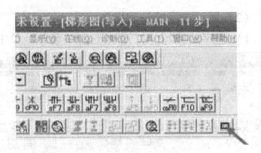

图 11-26 "梯形图逻辑测试启动/结束"按钮

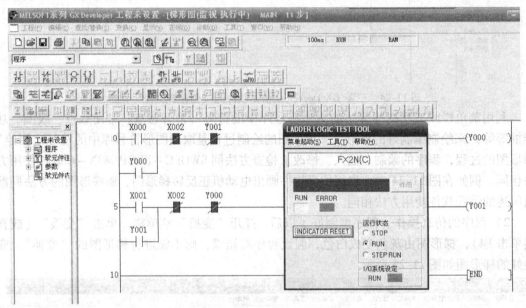

图 11-27 GX Developer 仿真软件为"RUN"状态

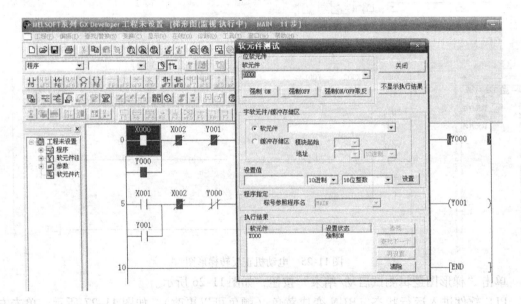

图 11-28 GX Developer 仿真电动机正反转

仿真结束，再单击"梯形图逻辑测试启动/结束"按钮结束该软件的仿真，此时又可以进行梯形图程序的编写、修改和保存等操作。

11.2.5　可编程序控制器程序设计

学习掌握了 PLC 的基本结构、工作原理和指令系统后，就可以进行 PLC 的程序设计了，本节主要介绍 PLC 程序设计的步骤，同时举例说明 PLC 程序设计的方法。

1. PLC 程序设计的一般步骤

设计 PLC 控制系统时，除了要解决输出部件和输入部件的连线方式的问题外，最主要的工作是程序设计与调试。通常程序设计按如下步骤进行。

1）了解被控系统的工艺过程和控制要求，并作出流程图，以描述控制过程。

2）了解所选 PLC 的性能、内部等效继电器编号范围、指令，并根据控制要求确定输入和输出端分配及输入端控制方式。

3）根据控制要求和流程图设计出梯形图。

4）根据梯形图和 PLC 的指令进行编程，列出程序清单。

5）将程序通过编程器送入 PLC，并进行检查、修改、调试和运行。

梯形图是程序设计的基础，也是 PLC 设计最关键的一步，下面举例说明 PLC 程序设计方法。

2. PLC 程序设计举例

案例：PLC 控制电动机起动与停止。图 11-29 所示为异步电动机起动、停止电气控制电路图。

利用 PLC 实现控制电动机起动与停止，输入、输出分配及梯形图如图 11-30 所示，起动按钮 SB2、停止按钮 SB1 和热继电器触点 FR 是 PLC 的输入设备，接触器 KM 的线圈是 PLC 的输出设备。在编制 PLC 控制的梯形图时，要特别注意输入的常闭触点的处理问题。输入的常闭触点的处理方法：在 I/O 分配时，若 SB1 为常闭，则按 SB2 时 X0 通，X0 常开闭合，但 SB1 为常闭，X1 也通，常闭断开，Y0 不能得电，电动机不工作，故须将梯形图中 X1 常闭换成常开。

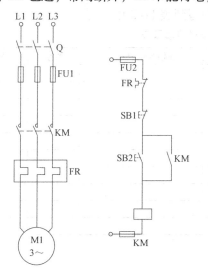

图 11-29　异步电动机起动、停止电气控制电路图

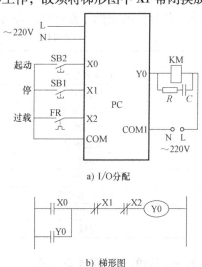

a) I/O分配

b) 梯形图

图 11-30　输入、输出分配及梯形图

用 PLC 取代继电器控制的结果为：

1）若输入的常闭触点在 I/O 分配中为常开，则梯形图与原继电器原理图一致，用常闭触点。

2）若输入的常闭触点在 I/O 分配中为常闭，则梯形图与原继电器原理图相反，用常开触点。

11.3　综合实训　三相异步电动机正反转 PLC 控制系统的安装与调试

某设备由电动机正反转控制，现改造成 PLC 控制，要求学生分组按要求完成三相异步电动机正反转 PLC 控制系统的安装与调试。

11.3.1　穿戴与使用绝缘防护用具

进入实训或者工作现场着装必须穿工作服（长袖）、戴安全帽。安全帽必须系紧帽带，长袖工作服不得卷袖。进入现场必须穿合格的工作鞋，任何人不得穿高跟鞋、网眼鞋、钉子鞋、凉鞋、拖鞋等进入现场。在有机械转动环境中工作的人员不许戴手套、系领带和围巾。

1）确认自己已经戴上了安全帽。

2）确认自己已经穿上了工作鞋。

11.3.2　仪器仪表、工具与材料的领取与检查

1. 所需仪器仪表、工具与材料

FX_{2N} – 32MR 可编程控制器、FX – 20P – E 编程器、三相异步电动机、交流接触器、熔断器、热继电器、按钮、组合开关、电工常用工具、安全帽、工作鞋、BVR – $2.5mm^2$ 和 BVR – $1mm^2$ 导线。

2. 仪器仪表、工具与材料的领取与检查

领取三相异步电动机等器材后，将对应的参数填写到表 11-3 中。

表 11-3　仪器仪表、工具与材料领取表

序号	名称	型号	规格与主要参数	数量	备注
1	三相异步电动机				
2	热继电器				
3	可编程控制器				
4	编程器				
5	交流接触器				
6	按钮				
7	熔断器				
8	电工常用工具				
9	万用表				
10	导线				

3. 检查领到的仪器仪表与工具

1）安全等级。

2）部件未损坏 。

3）触点接触好。

11.3.3 学生训练内容与要求

要求学生成功完成三相异步电动机正反转 PLC 控制系统安装与调试 1 次，共 120min 完成该项目。训练内容与完成情况见表 11-4。

表 11-4 三相异步电动机正反转 PLC 控制电路的安装与调试

序号	训练内容	操作过程记录	限时	完成情况记录
1	PLC 硬件设计		15min	
2	PLC 软件设计		20min	
3	选择常用低压电器		5min	
4	硬件安装		20min	
5	输入程序		20min	
6	模拟调试		20min	
7	现场调试		10min	
8	常见故障的分析与排除		10min	

11.3.4 按照现代企业 8S 管理要求进行工作现场的整理

训练完成后，应及时对工作场地进行卫生清洁，使物品摆放整齐有序，保持现场的整洁、安全，做到标准化管理。

1）整理自己的工作场地，打扫现场卫生。
2）根据任务分工要求，打扫实训场地卫生。
3）根据工作现场要求，归位场地内的设施和设备。
4）拉闸断电，保证实训场地的安全。

11.3.5 仪器仪表、工具与材料的归还

仪器仪表、工具与材料使用完毕后应归还相应管理部门或单位

1）整理工作台和器件，归还可编程序控制器、三相异步电动机、电工常用工具等。
2）归还安全帽、工作鞋及相关材料。

11.4 考核评价

考核评价见表 11-5。

表 11-5 考核评价表

考核项目	考核内容	考核方式	百分比
态度	1）能按照现场管理要求（整理、整顿、清扫、清洁、素养、安全、节约、环保）安全文明生产 2）能认真积极完成三相异步电动机正反转 PLC 控制电路的安装与维护 3）具有团队合作精神，具有一定的组织协调能力	学生自评＋学生互评＋教师评价	30%

（续）

考核项目	考核内容	考核方式	百分比
技能	1）会按照要求正确选择元件 2）会根据安装接线图合理布置各元器件 3）能严格按照工艺步骤完成三相异步电动机正反转 PLC 控制电路安装与维护，并能排除常见故障 4）会查找相关资料 5）会撰写项目报告并答辩	教师评价＋学生互评＋学生自评	40%
知识	1）掌握 PLC 的结构、工作原理等知识 2）掌握 PLC 编程元件、基本指令 3）掌握 PLC 基本指令的程序设计 4）掌握三相异步电动机正反转 PLC 控制电路的安装与维护基本技能 5）掌握电路故障排除的基本方法	教师评价	30%

11.5 拓展训练

下面介绍工作台自动往返的 PLC 控制。

工作台自动往返在生产中被经常使用，如刨床工作台的自动往返、磨床工作台的自动往返等。图 11-31 是某工作台自动往返工作示意图。工作台由异步电动机拖动，电动机正转时工作台前进；前进到 A 点碰到限位开关 SQ1，电动机反转工作台后退，后退到 B 点处碰到 SQ2，电动机正转工作台又前进，到 A 点又后退，如此自动循环，实现工作台在 A、B 两处自动往返。

图 11-31　某工作台自动往返工作示意图

1. 系统的硬件设计

图 11-32 就是工作台自动往返的 PLC 控制的硬件设计。电动机带动工作台自动往返，要求电动机来回运动实现正反转，故 PLC 控制自动往返的主电路就是电动机正反转主电路，如图 11-32a 所示。PLC 的硬件接口设计为输入、输出接线图设计，根据电动机工作台自动往返控制要求，按钮、开关和位置开关都是输入，要求有 8 个输入点，2 个输出点，系统的 I/O 分配图如图 11-32b 所示，为了防止正反转接触器同时得电，在 PLC 的 I/O 分配图输出端 KM1 和 KM2 采用了硬件互锁控制。

2. 系统的软件设计

图 11-33 就是工作台自动往返的 PLC 控制的梯形图。在梯形图中，Y1、Y2 常闭实现正反转软件互锁，X7、X6 实现停车和过载保护，X3 和 X5 实现工作台两边的限位保护。

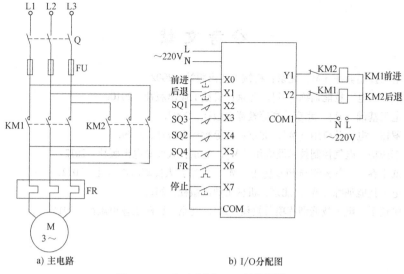

a) 主电路　　　　　　　　　　　　b) I/O分配图

图 11-32　自动往返 PLC 硬件设计

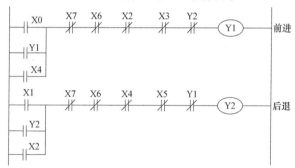

图 11-33　工作台自动往返 PLC 控制梯形图

习题与思考题

11-1　可编程序控制器的特点是什么?

11-2　试对可编程序控制器、继电器控制系统和微机控制系统进行比较。

11-3　可编程序控制器有哪几个方面的用途?

11-4　PLC 由哪几部分组成? 各有什么作用?

11-5　小型 PLC 有哪几种编程语言?

11-6　为什么 PLC 中的元件触点可以无限次使用?

11-7　试说明 PLC 的工作扫描过程。

11-8　试设计用 PLC 实现电动机点动 – 长车控制的梯形图,并编写出程序。

11-9　设计一个用 PLC 实现三相异步电动机的正反转点动 – 长车控制的梯形图,并编写程序。

参 考 文 献

[1] 杨利军. 电工技能训练 [M] 北京：机械工业出版社，2002.

[2] 杨利军，熊昇. 电工技能训练 [M]. 北京：机械工业出版社，2010.

[3] 杨利军. 电工基础 [M]. 北京：高等教育出版社，2007.

[4] 赵承荻，罗伟. 电机及应用 [M]. 北京：高等教育出版社，2009.

[5] 华满香，李庆梅. 电气控制技术及应用 [M]. 北京：人民邮电出版社，2012.

[6] 华满香，刘小春. 电气控制与PLC应用 [M]. 北京：人民邮电出版社，2012.

[7] 张明金. 电工技能训练 [M]. 北京：机械工业出版社，2011.

[8] 侯守军，张道平. 电工技能训练项目教程 [M]. 北京：国防工业出版社，2011.